高等职业教育"十四五"规划教材

宠物解剖

张春光　主编

中国农业大学出版社

图书在版编目(CIP)数据

宠物解剖/张春光主编. —北京:中国农业大学出版社,2007.7(2024.5 重印)
高职高专教育“十一五”规划教材
ISBN 978-7-81117-334-5

Ⅰ. 宠…　Ⅱ. 张…　Ⅲ. 观赏动物-动物解剖学　Ⅳ. S852.1

中国版本图书馆 CIP 数据核字(2007)第 092952 号

书　　名　宠物解剖

作　　者　张春光　主编

策划编辑　康昊婷　陈巧莲　姚慧敏　丛晓红　　**责任编辑**　彭威鑫
封面设计　李尘工作室　郑　川　　**责任校对**　王晓凤　陈莹
出版发行　中国农业大学出版社
社　　址　北京市海淀区圆明园西路 2 号　　**邮政编码**　100193
电　　话　发行部 010-62818525,8625　　读者服务部 010-62732336
编辑部 010-62732617,2618　　出　版　部 010-62733440
网　　址　http://www.cau.edu.cn/caup　　**e-mail** cbsszs@cau.edu.cn
经　　销　新华书店
印　　刷　北京时代华都印刷有限公司
版　　次　2007 年 7 月第 1 版　　2024 年 5 月第 5 次印刷
规　　格　787×980　16 开本　11.5 印张　206 千字
定　　价　32.00 元

主　编　张春光
副主编　尚学俭　杜护华
编　者　（以姓氏笔画排序）
王　芳　宋之波　吴礼平　杜护华
张春光　尚学俭　周锦隆　翟向和
主　审　王典进

出 版 说 明

高等职业教育作为高等教育中的一个类型，肩负着培养面向生产、建设、服务和管理第一线需要的高技能人才的使命。大力提高人才培养的质量，增强人才对于就业岗位的适应性已成为高等职业教育自身发展的迫切需要。教材作为教学和课程建设的重要支撑，对于人才培养质量的影响极为深远。随着高等农业职业教育发展和改革的不断深入，对于教材适用性的要求也越来越高。中国农业大学出版社长期致力于高等农业教育本科教材的出版，在高等农业教育领域发挥着重要的作用，积累了丰富的经验，希望充分利用自身的资源和优势，为我国高等职业教育的改革与发展做出自己的贡献。

经过深入地调研师生的需求和分析以往教材的优点和不足，在教育部高教司高职高专处和全国高职高专农林牧渔类专业教学指导委员会的关心和指导下，在各高职高专院校的大力支持下，中国农业大学出版社组织了全国 50 余所院校的 400 多名骨干教师共同编写了一批以“十一五”国家级规划教材为主体的教材。这批教材于今年 3 月陆续出版，共有 60 多个品种(畜牧兽医类 33 种，种植类 26 种，公共基础课等课程教材若干种)，其中普通高等教育“十一五”国家级规划教材 22 种。

这批教材的组织和编写具有以下特点：

精心组织参编院校和作者。本批教材的组织之初共收到全国 60 余所院校的 600 余名老师的申报材料。经过由职业院校和出版社专家组成的选题委员会审议，充分考虑到不同院校的办学特色、专业优势及地域特点，结合教师自身的学习培训背景、教学与科研经验和生产实践经历，最后择优确定了 50 余所院校的 400 多名教师作为主编和编写人员，其中教授和副教授占 73%，硕士以上学历占 38%。特别值得一提的是，有 5%的作者是来自企业生产第一线的技术人员，这样的作者结构是编写高质量和适用性教材的有力保证。

贴近国家高职教育改革的要求。我国的高等职业教育发展历史不长，很多院校的办学模式和教学理念还在探索之中。为了更好地促进教师了解和领会教育部的教学改革精神，在编写研讨会上邀请了教育部高教司高职高专处、全国高职高专农林牧渔类专业教学指导委员会的领导作教学改革的报告，提升主编和编写人员的理念；多次邀请教育部职业教育研究所的知名专家到会，专门就课程设置和教材的体系建构作报告，使教材的编写视角高、理念新、有前瞻性。

注重反映教学改革的成果。教材应该不断创新，与时俱进。好的教材应该及时体现教学改革的成果，同时也是教育教学改革的重要推进器。本套教材在组织过程中特别注重发掘各校在产学结合、工学交替实践中具有创新性的教材素材，很多教材在围绕就业岗位需要进行知识的整合、与实际生产过程的接轨上具有创新性和非常鲜明的特色，相信对于其他院校的教学改革会有启发和借鉴意义。

瞄准就业岗位群需要，突出职业能力的培养。本批教材的编写指导思想是紧扣培养“高技能人才”的目标，以职业能力培养为本位，以实践技能培养为中心，体现就业和发展需求相结合的理念。

教材体系的构建依照职业教育的“工作过程导向”原则，打破学科的“系统性”和“完整性”。内容根据职业岗位（群）的任职要求，参照相关的职业资格标准，采用倒推法确定，即剖析职业岗位群对专业能力和技能的需求⟶关键能力⟶关键技能⟶围绕技能的关键基本理论。删除假设推论，减少原理论证，尽可能多地采用生产实际中的案例剖析问题，加强与实际工作的接轨。教材反映行业中正在应用的新技术、新方法，体现实用性与先进性的结合。

创新体例，增强启发性。为了强化学习效果，在每章前面提出本章的知识目标和技能目标。每章设有小结和复习思考题。小结采用树状结构，将主要的知识点及其之间的关联直观表达出来，有利于提高学生的学习效果和效率，也方便教师课堂总结。部分内容增编阅读材料。

加强审稿，企业与行业专家相结合，严把质量关。从选题策划阶段就邀请行内专家把关，由来自企业、高职院校或中国农业大学有丰富的生产实践经验的教授审核编写大纲，并对后期书稿进行严格的审定。每一种教材都经过作者与审稿人的多次的交流和修改，从而保证内容的科学性、先进性和对于岗位的适应性。

本批教材的顺利出版，是全国50余所高职高专院校共同努力的结果；编写出版过程中所做的很多探索，为进一步进行教材研发提供了宝贵的经验。我们希望以此为基点，进一步加强与各校的交流合作，配合各校教学改革，在教材的推广使用、修订完善、补充扩展进程中，在提高质量和增加品种的过程中，不断拓展教材合作研发的思路，创新教材开发的模式和服务方式。让我们共同努力，携手并进，为深化高职高专教育教学改革和提高人才培养质量，培养国家需要的千百万高素质技能型专门人才，发挥积极的推动作用。

中国农业大学出版社

2007年7月

内 容 提 要

本教材是教育部“十一五”国家级高职高专规划教材，在编写中始终遵循职业教育“以能力为本位，以岗位为目标”的原则，转变观念，精选内容，加强应用，注重实用。

本教材除绪论外，全书共分 12 章，即有机体的基本结构、运动系统、被皮系统、消化系统、呼吸系统、泌尿系统、生殖系统、心血管系统、免疫系统、神经系统、内分泌系统和感觉器官。在内容上由于犬、猫的结构差异不大，所以以犬为主，对猫的不同特点在有关章节作比较描述。

通过本课程的学习，学生将获得宠物养殖管理人员和疫病防治人员应具备的宠物解剖方面的基本知识和基本技能，为学习其他专业基础课和专业课奠定坚实的基础。

本教材可作为农职院校的教材和相关层次的培训人员及宠物养殖人员自学。

前　言

党的二十大报告提出，增进民生福祉，提高人民生活品质。随着宠物不断得到人们的关爱，宠物的科学研究与发展更加具有重要的现实意义和经济意义。为促进宠物养殖业的健康发展，适应许多职业院校开设宠物养殖专业的需要，我们编写了这本《宠物解剖》。

《宠物解剖》是一门重要的专业基础课。本教材编写是按教育部高职高专教材的建设要求，紧紧围绕培养适应生产、建设、管理、服务第一线需要的德、智、体、美全面发展的应用型高等技术专门人才这一目标定位，使本教材具有以下特点：

第一，教学目标明确。每章前都有明确的"学习目标"，包括本章应理解和掌握的知识目标和应掌握的技能目标，做到重点突出，便于教学。

第二，以"必需"和"够用"为度。本课程是为学习后续课程服务的专业基础课，在内容上淡化学科的"系统性"、"完整性"，以宠物的消化、生殖、免疫系统为重点，对运动、循环、神经系统等做了简略介绍。

第三，注重能力培养。每章后都编有"技能训练"，这些技能训练不仅局限于观察模型、标本，而且应做尸体剖检和运用于活体现场，以培养学生的动手和应用能力。同时还附有培养学生分析与综合能力的"复习思考题"。

第四，理论联系实际。本课程具有内容抽象、难以记忆的特点，因此，许多内容尽量配有插图，在叙述器官、系统结构的同时还适当编入其生理功能。注重理论联系实际，以激发学习兴趣。

由于编者水平和时间所限，教材中疏漏和错误之处一定不少，我们渴望广大读者提出宝贵意见。

编　者

2023 年 4 月

目　录

绪　　论

一、宠物解剖的概念

宠物解剖是研究正常宠物有机体的各器官形态、结构、位置关系及其发生发展规律的科学。因研究方法和目的不同，宠物解剖分为大体解剖、显微解剖(组织学)和胚胎发育。

宠物涵盖人们宠爱的许多不同动物。本教材主要对犬、猫采用系统解剖的方法，阐述其各器官系统的形态位置、大体解剖及组织学结构。

二、学习宠物解剖的意义

随着人们物质、文化水平的不断提高，犬、猫越加受到宠爱。为了做到对宠物合理地饲养，科学地繁殖，能动地改良和有效地防病，促进宠物健康发展，许多职业院校开设宠物及相关专业，宠物解剖是该专业的一门重要的专业基础课，只有首先认识和掌握正常犬、猫的各器官形态结构、位置关系，才能学习其他后期课程，才能牢固掌握本专业的基本知识和基本技能。

三、学习宠物解剖应具备的基本观点

学习宠物解剖时，必须具备以下基本观点。

(一)有机体是统一整体的观点

学习宠物解剖时，是分器官、分系统从局部研究的，也就是说，一部分一部分学习的。但有机体是在神经和体液调节下的一个统一整体，局部的结构和功能可以影响整体，整体的情况可以在局部得到反映。因此，在学习某一局部内容时，必须具有整体观念，要充分注意各器官系统结构与功能上的相互联系、相互协调、相互影响。

(二)有机体形态结构和生理机能相互联系的观点

有机体各器官系统的形态结构与生理机能之间有着密不可分的关系。生理机能以形态构造为基础，形态结构又必须与生理机能相适应。

(三)有机体与外界环境对立统一的观点

任何有机体都离不开外界环境而独立地生活。外界环境对有机体的生存、生长、发育和繁殖都有直接的影响。外界环境的变化,必然引起有机体形态构造和生理机能发生相应的改变。正由于这些相应改变的发生,才能使有机体有效地适应已改变了的外界环境,维持有机体生命活动的正常进行。

(四)理论联系实际

与社会主义市场经济相适应的人才必须具有综合能力和创业素质。应当改变观念,破学科体系,开展能力教育,为生产第一线培养具有一定理论知识和较强动手能力的“应用型”人才。所以,应本着理论“够用”、“适用”,尤其重视实践技能训练的原则,组织教学活动。

第一章　有机体的基本结构

知识目标：理解细胞、组织、器官和系统的基本概念；掌握细胞的构造和机能；掌握组织的分类、分布和机能。

技能目标：掌握健康犬的外部特征；熟练地在活体上指出犬、猫的各主要部位；掌握显微镜的构造、使用以及在镜下能识别几种主要组织。

第一节　细　　胞

犬、猫虽是一个形态结构复杂、生理机能繁多的有机体，但其基本结构和机能单位却是细胞和存在于细胞之间，对细胞起支持、营养、保护作用的细胞间质。正如恩格斯所说，“一切有机体，除了最低级的以外，都是由细胞构成的，即由很小的、只有经过高度放大才能看到的、内部具有细胞核的蛋白质小块构成的”。因此，可以把细胞看做是能独立生活的最小生命单位。细胞和细胞间质共同组成组织，不同组织组成器官，在功能上密切相关的器官构成系统，由各器官系统构成有机体。

一、细胞的形态和大小

细胞的形态是多种多样的，但都是与其所处的环境及执行的生理机能相适应的。如具有收缩机能的肌细胞，外形呈长梭形或圆柱形；在血液中执行运输机能的红细胞呈圆形；具有传递神经冲动机能的神经细胞有许多细长的突起等（图1-1）。

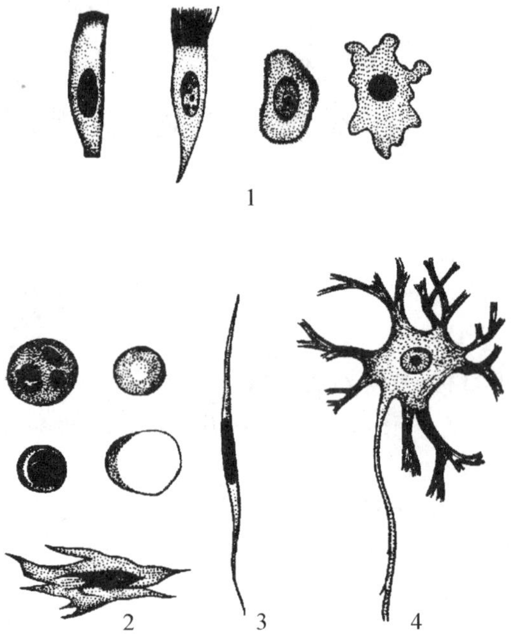

1.上皮细胞　2.结缔组织细胞　3.肌细胞　4.神经细胞

图 1-1　动物细胞的形态、类型

细胞的大小也极不一致，一般都必须在显微镜下才能看到。体内最小的细胞，如小脑内的颗粒细胞，直径约为 4 μm；最大的细胞是成熟的卵细胞，直径可达 200 μm；最长的是神经细胞，可长达 1 m 左右。但不同动物的同一种细胞的大小差别不大，如几吨重的大象和几十克重的小白鼠，它们的肝细胞的大小基本一样。

二、细胞的结构

细胞的形态和大小虽然千差万别，但都是由细胞膜、细胞质和细胞核 3 部分构成。

(一)细胞膜

细胞膜是位于细胞表面具有一定通透性的薄膜。

细胞膜的化学成分主要是脂类(以磷脂为主)、蛋白质和少量多糖类。

关于细胞膜的分子结构，目前较为公认的是“液态镶嵌模型”学说。它是由 2 层类脂分子和嵌入其中的蛋白质构成，糖分子与细胞外表面的蛋白质或类脂分子结合成糖蛋白或糖脂。镶嵌在膜上的各种蛋白质分子具有许多不同的功能，有的是可转运膜内、外物质的载体；有的是可接受某些激素或药物的受体，还有的是具有个体特异性的抗原等（图 1-2）。

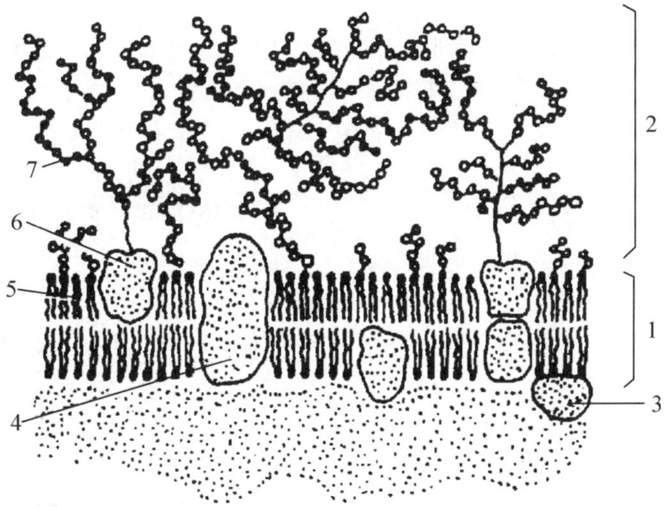

1. 脂质双层　2. 糖衣　3. 表在蛋白　4. 嵌入蛋白　5. 糖脂　6. 糖蛋白　7. 糖链

图 1-2　细胞膜的液态镶嵌模式图

（二）细胞质

细胞质是填充于细胞膜与细胞核之间、呈均匀透明的胶状物。细胞质中悬浮有细胞器和内含物等。

1. 细胞器

细胞器是位于细胞质内具有一定形态结构和执行一定功能的器官，好像动物体内的器官一样，所以叫细胞器。一般细胞所具有的细胞器有：

（1）线粒体　在光镜下可见呈线状或粒状。线粒体内含有各种氧化酶，参与细胞内的物质氧化，释放能量，所以线粒体具有“能量供应站”的作用。有人把它比作是“锅炉房”、“发电厂”，供应细胞代谢所需的能量。

（2）内质网　只有在电镜下才能见到内质网为薄膜所包绕的小管状或小泡状结构，相互连接成网。内质网有 2 种，一种内质网上附有大量核蛋白体，外形粗糙，叫粗面内质网。粗面内质网上的核蛋白体可以合成蛋白质。如浆细胞中的抗体、各种腺细胞的消化酶和一切细胞中的全部酶系，都是在这里合成的。另一种内质网上没有核蛋白体，表面光滑，叫滑面内质网。滑面内质网的功能比较复杂，它参与固醇类激素、糖原和脂类的合成以及解毒作用等。

(3)高尔基复合体　在光镜下呈线状或网状结构。高尔基复合体可对一些细胞合成的物质(特别是蛋白体)进行加工、包装,有利于合成物排出细胞外,所以它有“加工车间”之称。

(4)溶酶体　电镜下为圆球形,内含酸性磷酸酶和多种水解酶,可分解蛋白质。它能把进入细胞内的异物(如细菌、病毒等)或者已经衰老的细胞器吞噬和消化,并将残体排出细胞。因此有人把它比作一台“清洁机”或者细胞内的“消化器官”。

(5)中心体　多位于细胞中央、核的附近,在光镜下可见它是由 2 个中心粒构成。中心体参与细胞的有丝分裂过程。

2. 内含物

内含物是指贮存于细胞内的营养物质和细胞的代谢产物。如糖原、脂类、蛋白质和色素等。

(三)细胞核

在哺乳动物体内,除成熟的红细胞外,所有细胞均有核。细胞核的形状多样,有圆形、椭圆形、杆形和分叶状等。细胞核的数量,一般 1 个细胞只有 1 个,少数也有 2 个或更多。如肝细胞、心肌细胞可以有 2 个核,骨骼肌细胞则有几百个核。细胞核是由核膜、核基质、核仁和染色体构成。

核膜是包于细胞核表面的一层薄膜,上面有许多散在的微孔,称核孔。核孔是细胞核与细胞质之间进行物质交换的通道。

核基质又称核液,是无定形的液态基质,内含水、各种酶和无机盐等。核仁和染色质即位于核基质内。

核仁一般为球形,每 1 核内有 1～2 个核仁。核仁是形成核蛋白体的地方,核蛋白体形成后,便通过核孔进入细胞质内,参与蛋白质的合成。

染色质是在细胞未繁殖期间,呈长纤维状结构。当细胞进入有丝分裂时,长纤维状的染色质就浓缩为一条条粗短的棒状或条状结构,这时称染色体。可见染色质和染色体是同一物质不同时期的不同表现而已。染色体的主要成分是 DNA(脱氧核糖核酸),上面贮存着大量遗传信息,控制着细胞的分化、机体的形态发育和代谢特点,也决定着子代细胞的遗传性状,故对生物的遗传变异有着十分重要的意义。

三、细胞的生命活动

(一)新陈代谢

每个生活着的细胞必须不断地从外界摄取营养物质，经过加工合成细胞本身的物质，这一过程叫合成代谢；细胞本身的物质又不断地分解、释放能量，供给自身生命活动的需要，同时排出废物，这一过程叫分解代谢。这 2 个对立统一的过程，称新陈代谢。细胞只有通过不断进行的新陈代谢，才能维持生长、发育和分裂繁殖。所以说，新陈代谢是生命存在的必需条件，新陈代谢一旦停止，生命也就停止。

(二)兴奋性

细胞对刺激发生一定反应的特性，叫兴奋性。不同种类的细胞，兴奋性的表现形式不同，如肌肉细胞的收缩、腺细胞的分泌、神经细胞对神经冲动的传导、白细胞的变形运动等，都是细胞兴奋性的表现。

(三)运动

体内有些细胞在不同环境条件的刺激下，可产生不同形式的运动。如白细胞的变形运动、肌细胞的收缩运动、呼吸道上皮细胞的纤毛摆动和精子的尾部运动等。

(四)生长与繁殖

当合成代谢超过分解代谢时，细胞体积增大，称为生长；当细胞生长到一定阶段，在一定条件下，就以分裂的方式进行增殖，产生新的细胞。

(五)衰老和死亡

各种细胞都必然经历衰老和死亡的过程。细胞衰老死亡的速度不同，一般地，寿命长的细胞衰老死亡慢，如神经细胞和心肌细胞；寿命短的细胞衰老死亡快，如血细胞和表皮细胞。

第二节　组　　织

一些起源、形态和机能相似的细胞和细胞间质结合在一起，构成组织。动物体内的组织可分为 4 类，即上皮组织、结缔组织、肌组织和神经组织。

一、上皮组织

上皮组织是由1层或多层紧密排列的细胞和少量细胞间质构成，覆盖在整个有机体表面和体内一切管状器官的内表面以及某些内脏器官的表面。上皮组织具有保护（如皮肤表皮）、吸收（如小肠上皮）、排泄（如肾小管上皮）、分泌（如腺上皮）、感受（如嗅上皮）和生殖（如睾丸及卵巢上皮）等机能。

按照上皮组织的形态和机能的不同，其分类如表1-1所示。

表1-1 上皮组织的分类

- 上皮组织
  - 被覆上皮
    - 单层
      - 扁平上皮：细胞呈扁平状，如内脏表面和心脏、血管内表面的上皮（图1-3）。
      - 立方上皮：细胞呈立方状，如甲状腺滤泡上皮、肾小管上皮（图1-4）。
      - 柱状上皮：细胞呈柱状，如胃肠黏膜上皮（图1-5）。
      - 假复层柱状纤毛上皮：类似复层，实际上每个柱状细胞都与基膜相连，是一层，而且具有纤毛。如呼吸道黏膜上皮（图1-6）。
    - 复层
      - 扁平上皮：最表面细胞呈扁平，深层则为多边或立方形，如皮肤表皮和口腔、食道、阴道黏膜上皮（图1-7）。
      - 变移上皮：细胞层数随器官功能状态而发生变化，如膀胱黏膜上皮（图1-8）。
  - 腺上皮：由具有分泌功能的细胞组成，如甲状腺、肠腺。
  - 感觉上皮：由具有接受刺激、形成神经冲动的上皮细胞组成，分布在舌、鼻、眼、耳等感觉器官内，具有味觉、嗅觉、视觉、听觉等功能。

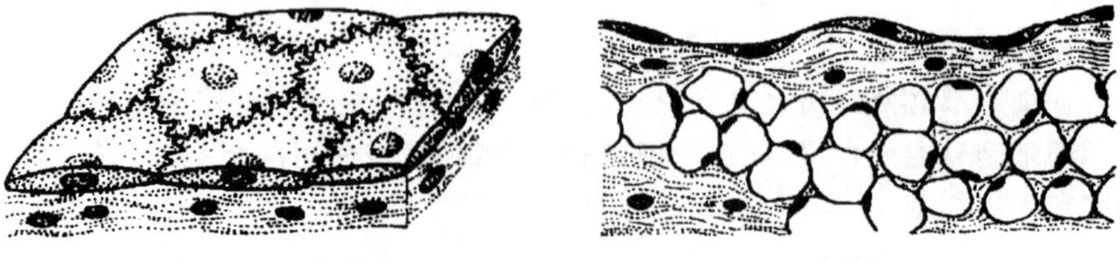

A. 单层扁平上皮模式图　　B. 浆膜切面

图1-3 单层扁平上皮

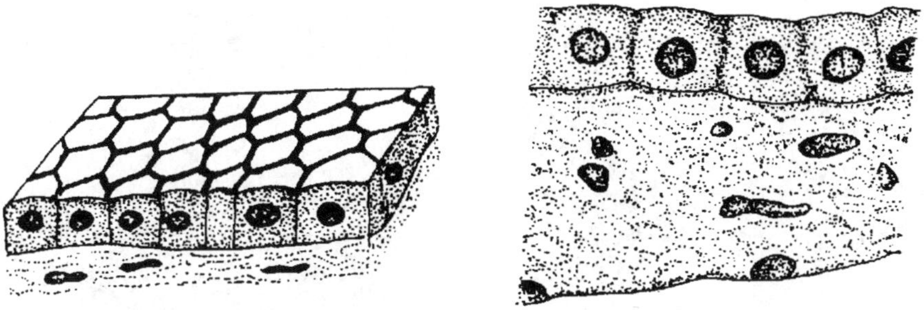

A. 单层立方上皮模式图　　B. 肾小管集合管上皮侧面观

图 1-4　单层立方上皮

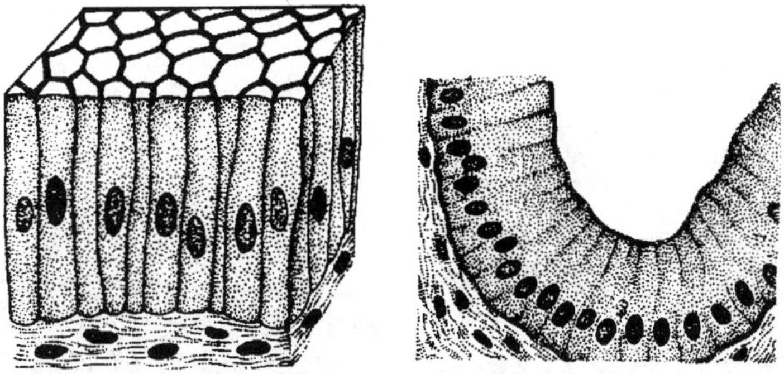

A. 单层柱状上皮模式图　　B. 小肠黏膜上皮切面

图 1-5　单层柱状上皮

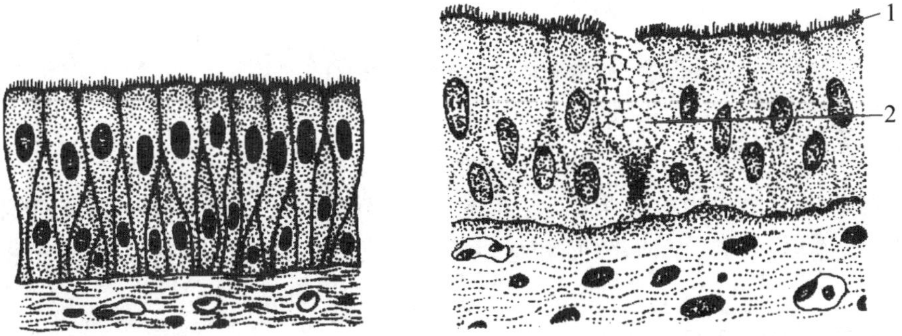

A. 假复层柱状纤毛上皮模式图　　B. 气管黏膜切面

1. 纤毛　2. 杯状细胞

图 1-6　假复层柱状纤毛上皮

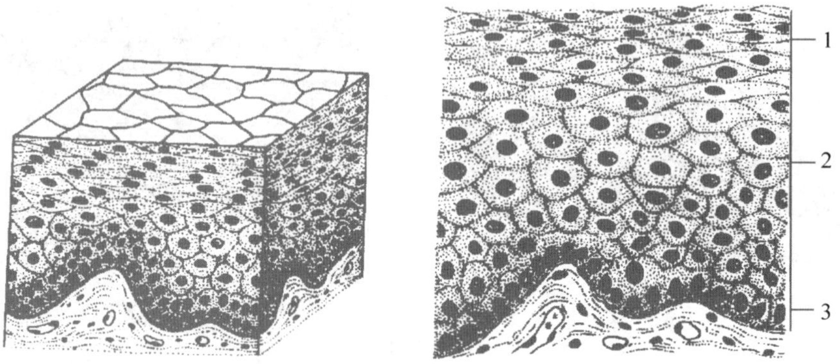

A. 复层扁平上皮模式图　　B. 表皮切面

1. 表层　2. 中间层　3. 深层

图 1-7　复层扁平上皮

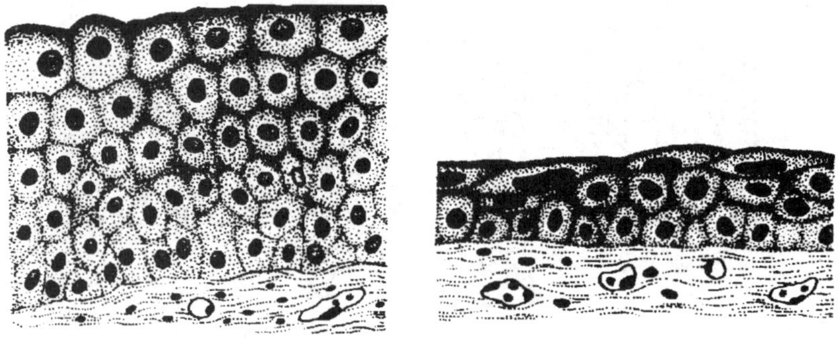

A. 收缩状态　　B. 扩张状态

图 1-8　变移上皮(膀胱)

二、结缔组织

结缔组织是机体内种类最多、分布最广、形态结构最多样化的一大类组织。它具有支持、连接、营养、保护、修复和运输等多种功能。结缔组织包括以下几种。

(一)疏松结缔组织

疏松结缔组织结构疏松，呈白色，遍布全身，主要分布于皮下、黏膜下，并伴随血管、神经进入器官内。常把位于皮下与肌肉之间的疏松结缔组织，叫蜂窝组织。疏松结缔组织具有支持、连接、填充、缓冲、营养、保护作用。

1. 细胞

疏松结缔组织(图 1-9)中，细胞种类很多，主要有：

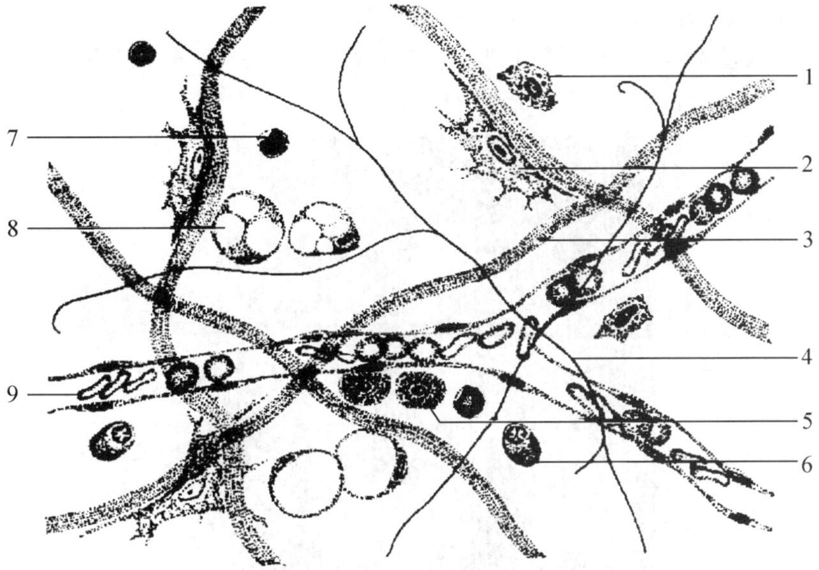

1.巨噬细胞 2.成纤维细胞 3.胶原纤维 4.弹性纤维 5.肥大细胞
6.浆细胞 7.淋巴细胞 8.脂肪细胞 9.毛细血管

图 1-9 疏松结缔组织

(1)成纤维细胞 可产生纤维和分泌基质,参与创伤修复。

(2)巨噬细胞(组织细胞) 数量较多,来源于血液中的单核细胞,当它离开血管进入组织内,便成为巨噬细胞。内有大量溶酶体,能吞噬细菌和异物。

(3)浆细胞 数量较少,来源于B淋巴细胞。浆细胞内有大量粗面内质网可合成与分泌抗体,参与体液免疫。一种浆细胞只能产生1种特异性抗体。

(4)肥大细胞 胞质内充满颗粒,颗粒内含有肝素、组织胺等,有参与抗凝血、增加毛细血管通透性和促使血管扩张等作用。

2.细胞间质

细胞间质由纤维和基质2部分组成。

(1)纤维 主要有2种,一种叫胶原纤维,数量多,颜色白,聚集成束,质地坚韧不易拉断,煮沸时易溶解成为明胶;另一种叫弹性纤维,数量少,颜色发黄,单根存在,富于弹性,煮沸时不易溶解。2种纤维交织成网,网眼中存有细胞和基质。

(2)基质 为无色透明的胶体,质黏稠,其主要成分为透明质酸。在局部感染时,基质能限制细菌蔓延和病灶扩大。但有的细菌能分泌透明质酸酶,溶解透明质酸,易使炎症扩散。

(二)致密结缔组织

它的结构基本同疏松结缔组织,其特点是结构致密而坚韧。皮肤的真皮、肌腱、韧带都属于致密结缔组织(图 1-10)。

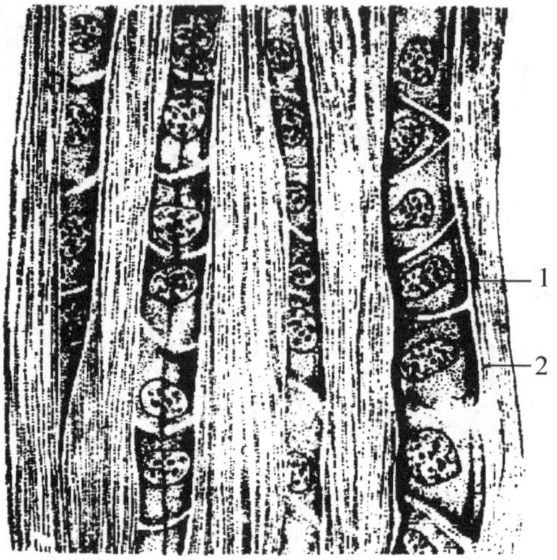

1. 腱细胞 2. 弹性纤维

图 1-10 致密结缔组织(肌腱)

(三)脂肪组织

脂肪组织主要分布于机体皮下、肠系膜、网膜及肾周围,具有贮脂、保温、缓冲等作用(图 1-11)。

1. 脂肪细胞 2. 细胞核 3. 成纤维细胞核 4. 结缔组织 5. 毛细血管

图 1-11 脂肪组织

(四)网状组织

由网状细胞、网状纤维和基质构成，主要存在于淋巴结、脾和骨髓内(图 1-12)。

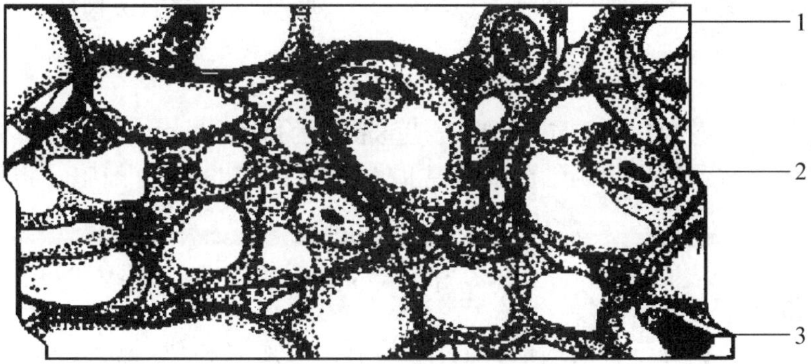

1. 网状纤维　2. 网状细胞　3. 淋巴细胞

图 1-12　网状组织

(五)软骨

根据软骨中纤维种类及数量的不同，软骨可分为透明软骨(如关节软骨、肋软骨、气管环、支气管等)、弹性软骨(如耳廓等)及纤维软骨(如椎间盘等)3 种(图 1-13)。

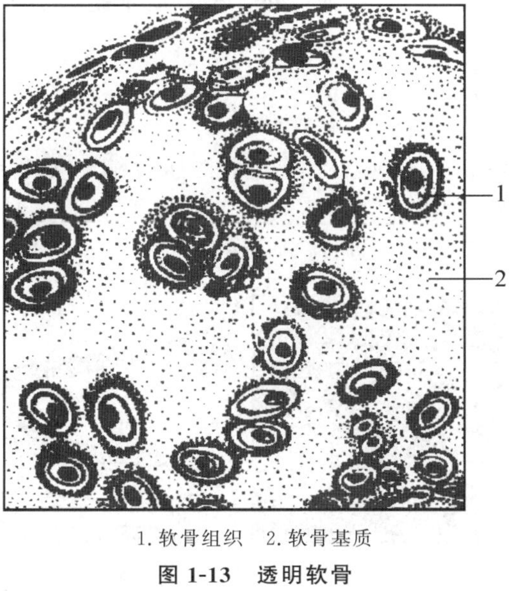

1. 软骨组织　2. 软骨基质

图 1-13　透明软骨

(六)骨组织

骨组织是一种坚硬的结缔组织，也是由细胞(骨细胞)基质(有机物和无机物)

和纤维(胶原纤维)构成。骨基质中的有机物比较少,主要是骨胶原(蛋白质),成年动物约占1/3,它决定骨的韧性;无机物主要是钙盐,如磷酸钙、碳酸钙,约占2/3,它决定骨的硬度。这两种不同的物质结合在一起,构成了骨的坚韧性。

(七)血液

血液是呈液态的结缔组织,其基质是呈液体的血浆,基质中的纤维是以纤维蛋白原的形式存在。血液中的细胞成分是指血细胞和血小板,血细胞又指血红细胞和白细胞。

(八)淋巴

淋巴是流动在淋巴管内的透明液体,其成分与血浆相似,但蛋白质含量较少,其细胞成分主要是淋巴细胞。

三、肌组织

肌组织主要由肌细胞构成。肌细胞具有收缩与舒张能力,机体的各种动作,如躯体运动、消化管蠕动、心脏跳动等,都是靠肌细胞的收缩与舒张实现的。由于肌细胞多为长梭形或长柱状,故又称肌纤维。根据肌细胞的形态结构和机能特点,把肌组织分为3种。

(一)平滑肌

平滑肌细胞呈梭形,中央有1个核。平滑肌收缩不受意识支配,属于不随意肌。收缩力弱而缓慢,但能持久,不易疲劳。平滑肌主要分布于消化、呼吸、泌尿、血管等器官的管壁内(图1-14)。

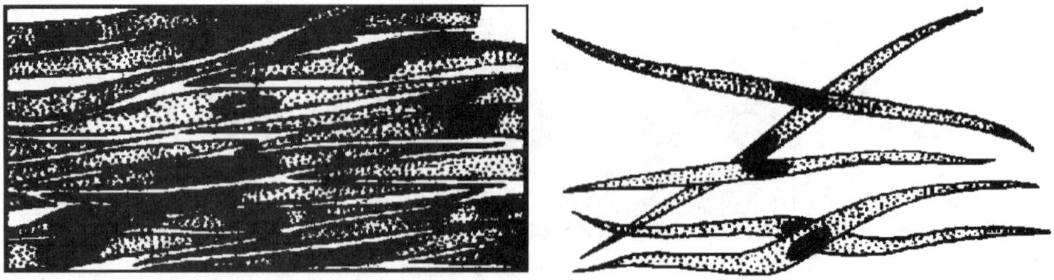

A.平滑肌纵切面　　B.分离的平滑肌纤维

图1-14　平滑肌

(二)骨骼肌

骨骼肌细胞呈长圆柱状,多核。在光镜下,可见骨骼肌细胞上有排列整齐的横纹,所以骨骼肌属于横纹肌(图 1-15)。骨骼肌的收缩受意识支配,属随意肌。其收缩力强而迅速,但易疲劳,不持久。骨骼肌因多附于骨骼上而得名。

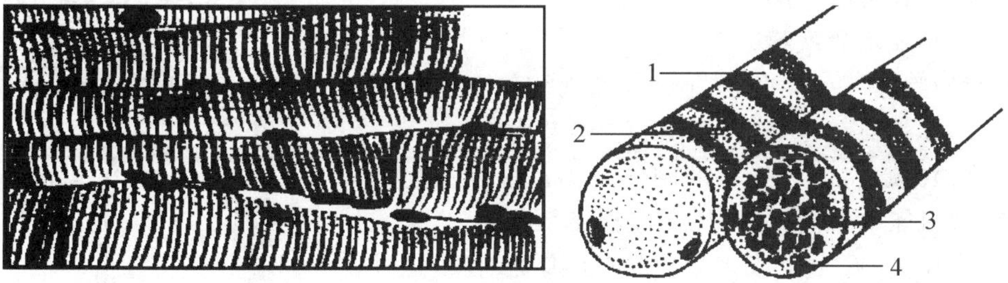

A. 横纹肌的纵切面　　B. 横纹肌纤维构成模式图

1. 明带　2. 暗带　3. 肌原纤维　4. 细胞核

图 1-15　横纹肌

(三)心肌

心肌纤维也呈长圆柱状,有分支并相互吻合,彼此相接,接头处称"闰盘"。肌纤维也有横纹,但不如骨骼肌明显。细胞核一般只有 1～2 个,位于细胞中央。心肌的机能特点与平滑肌相似。心肌仅分布于心脏(图 1-16)。

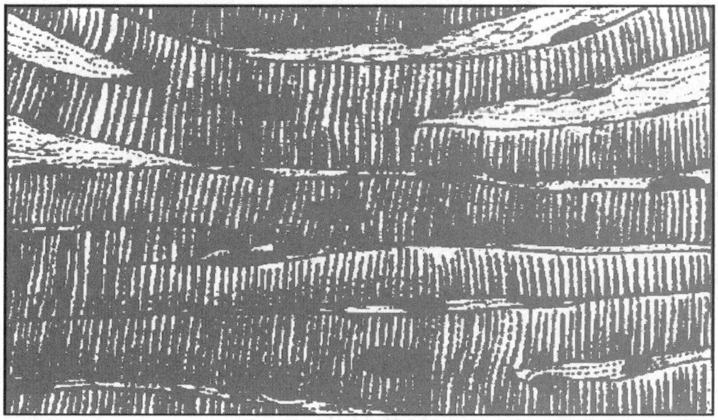

图 1-16　心肌

四、神经组织

神经组织全是由细胞成分构成,包括神经细胞(神经元)和神经胶质细胞。这是不同于结缔组织的重要特点。

(一)神经元

神经元是神经系统的基本结构和功能单位,它包括胞体和突起 2 部分(图 1-17)。

1. 神经元的结构

(1)胞体　呈多角形,圆形,细胞核位于胞体中央。胞体主要存在于脑、脊髓和神经节内。

(2)突起　从神经元的胞体发出。根据突起的形态和机能的不同,分为树突和轴突 2 种。

①树突:有 1 个或多个,树突能接受刺激,把冲动传给胞体。

②轴突:轴突是 1 条长的突起,一般只有 1 个。轴突末端借分支与其他神经元的树突或胞体接触,或者进入器官及组织的内部。轴突能把细胞体发出的冲动传向另一个神经元,或者传至某一器官或组织。

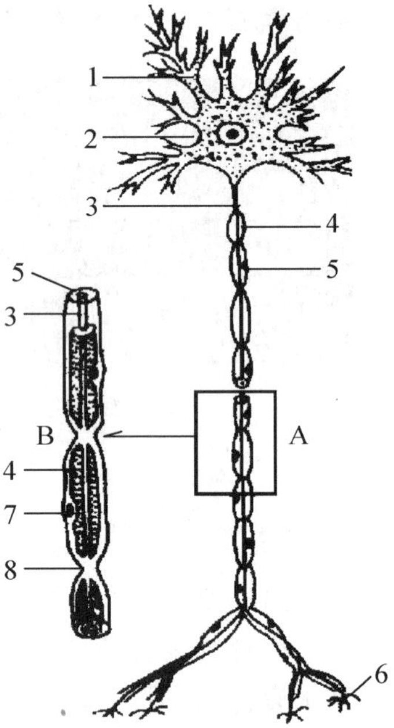

A. 典型神经元结构
B. 轴突及其鞘的放大
1. 树突　2. 胞体　3. 轴突　4. 髓鞘
5. 雪旺氏膜　6. 神经末梢　7. 雪旺氏细胞核　8. 郎飞氏节

图 1-17　神经元结构

2. 神经元的类型

按神经元的机能可分为:

(1)感觉神经元　又叫传入神经元,胞体位于外周的脑脊神经节内,以及内耳、视网膜等处,能接受内外环境的各种信息,并将其从外周传向中枢(脑、脊髓)。感觉神经元主要是假单极神经元和双极神经元。

(2)运动神经元　又叫传出神经元,这种神经元多位于脑和脊髓,能将神经冲动,从中枢沿其轴突传向外周,支配骨骼肌,控制平滑肌和腺体,引起肌肉收缩、腺体分泌等活动。这种神经元都是多极神经元。

(3)中间神经元(联络神经元)　多位于脑、脊髓的灰质中。其作用是联系感觉神经元和运动神经元。这种神经元也都是多极神经元。

3. 神经元之间的联系

神经元虽是神经系统的结构和功能单位,但它们不能单独完成神经系统的各种活动,而是要相互接触,构成神经传导通路(即反射弧),才能实现其复杂的神经活动。神经元之间发生联系的功能性接触点称为突触(图 1-18)。

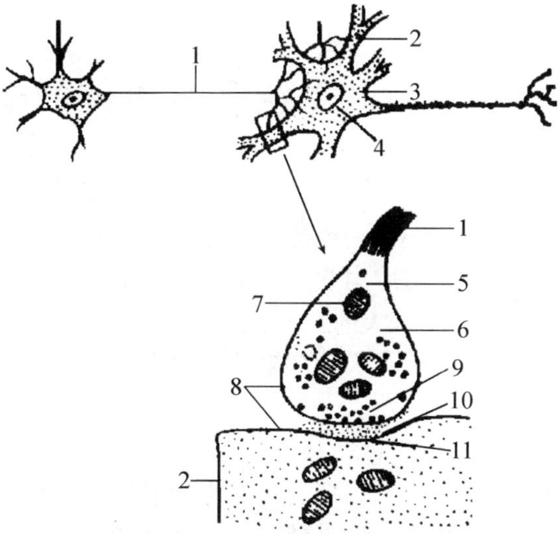

1. 轴突　2. 树突　3. 胞体　4. 突触和神经元　5. 突触小体　6. 突触小泡
7. 线粒体　8. 细胞膜　9. 突触前膜　10. 突出间隙　11. 突出后膜

图 1-18　突触结构示意图

电镜下观察，突触由 3 部分组成，即突触前膜（前一个神经元的轴膜）、突触后膜（后一个神经元的细胞膜）和突触前、后膜之间有宽 15～30 nm 的突触间隙。突触小体在靠近突触前膜的轴浆内有很多突触小泡和线粒体。突触小泡内含有高浓度的化学递质（如乙酰胆碱、去甲肾上腺素等）。突触后膜上有多种化学递质的特异性受体。

4. 神经纤维

神经纤维指神经元的突起，其功能是传导神经冲动。

根据神经纤维的生理机能不同，分感觉神经纤维和运动神经纤维。感觉神经纤维是由感受器接受刺激传向中枢的纤维，又称传入神经纤维；运动神经纤维是由中枢把兴奋传向效应器的纤维，又称传出神经纤维。

5. 神经末梢

神经末梢是指外周的神经纤维末端分支的部分。按其生理机能分为感觉神经末梢和运动神经末梢。

（1）感觉神经末梢　是感觉神经元外周突的末梢，其末梢装置又叫感受器。

（2）运动神经末梢　是由中枢发出的运动神经元轴突的末梢，终止于肌肉和腺体，并支配这些器官的活动。

（二）神经胶质细胞

神经胶质细胞数量很多，为神经元的 10～50 倍，存在于神经元之间，对神经元有支持、营养、保护作用。

第三节 器官、系统和有机体的概念

一、器官

器官是由几种不同的组织按一定规律结合在一起能完成一定生理机能的结构。器官分为 2 大类:中空性器官与实质性器官。

(1)中空性器官 是内部有较大的腔体的器官,如食管、胃、肠、气管、膀胱、血管等。

(2)实质性器官 是内部没有大腔的器官,如肝、脾、肺、肾、肌肉等。

二、系统

由几个功能上密切相关的器官,联合在一起,彼此分工合作来完成体内某一方面的生理机能,这些器官就构成一个系统。如消化系统、呼吸系统等。有机体都是由运动系统、被皮系统、消化系统、呼吸系统、泌尿系统、生殖系统、心血管系统、免疫系统、内分泌系统和神经系统及感觉器官等组成。其中的消化、呼吸、泌尿和生殖 4 个系统又合称为内脏。

三、有机体

由上述各器官系统构成有机体。体内各器官、系统之间在机能上互相影响,协调配合组成一个有生命的完整统一体。同时,有机体与其周围环境间也必须保持着能动的平衡。这种统一靠神经调节、体液调节来实现的。

(一)神经调节

神经系统对各个器官、系统的活动所进行的调节,称神经调节。神经调节的基本方式是反射。所谓反射,就是在中枢神经系统的参与下,对内、外环境的变化产生的适应性反应。如食物进入口腔,就引起唾液分泌;蚊虫叮在皮肤上,就能引起皮肤的颤动或摆动尾毛将蚊虫撵走。这些都是神经反射活动。神经调节特点是迅速而准确,持续时间短,且作用范围局限。

(二)体液调节

体液调节是指体液因素通过血液循环运送至全身或某些特定器官,选择性的调节它们的机能活动的过程。体液因素主要是内分泌腺和具有内分泌能力的特殊细胞或组织所分泌的激素。此外,组织中的一些代谢产物如二氧化碳、乳酸等局部体液因素，对有机体功能也有一定的调节作用。

体液调节的特点是作用缓慢，持续时间长，作用范围比较广泛。这种调节对于维持有机体内环境的相对恒定以及机体内的新陈代谢、生长、发育、生殖等方面都起着重要的作用。动物体内大多数生理活动，通常既有神经调节参与，又有体液因素的作用，两者是相互影响，相辅相成的。从整个有机体调节来看，神经调节占主要地位。

第四节　犬、猫的各部位名称

犬的各部位的名称如图 1-19 所示。

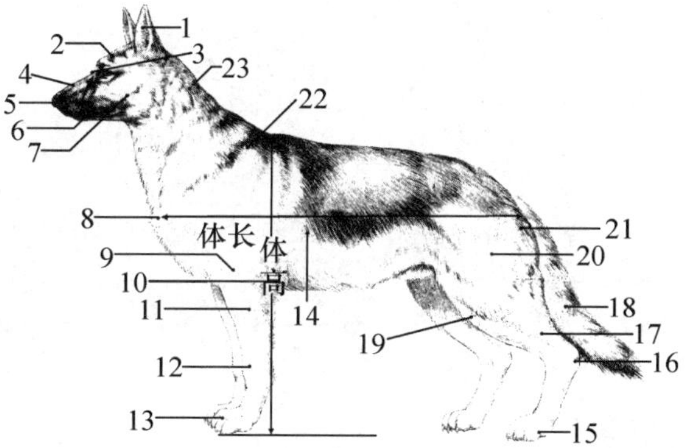

1.耳　2.颅　3.额　4.鼻梁　5.吻　6.嘴唇　7.颊　8.前胸部　9.臂部　10.肘部　11.前臂部　12.腕部　13.指　14.胸廓或胸部　15.趾　16.踝关节　17.小腿　18.尾　19.膝部　20.股部　21.臀部　22.肩部　23.颈部

图 1-19　犬的各部位名称

猫的各部位的名称如图 1-20 所示。

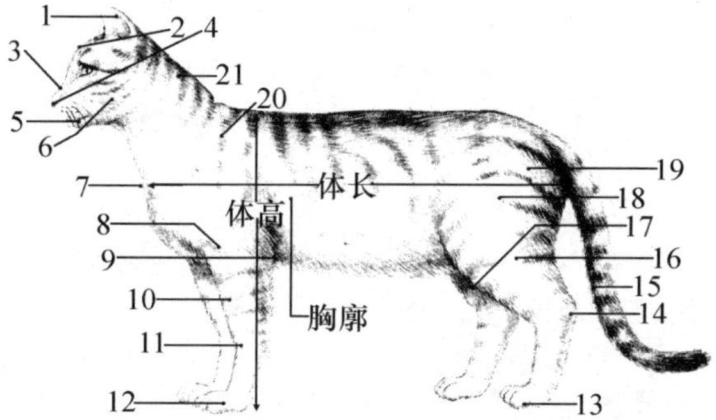

1.耳　2.颅　3.鼻梁　4.鼻　5.嘴唇　6.颊　7.前胸部　8.上臂部　9.肘部　10.前臂部　11.腕部　12.指　13.趾　14.踝关节　15.尾　16.小腿　17.膝部　18.股部　19.臀部　20.肩部　21.颈部

图 1-20　猫的各部位名称

第五节 健康犬的外表察看标准

健康犬体格健壮，营养良好，不过于肥胖或瘦弱。动作活泼轻快，反应敏捷，叫声清脆洪亮。双眼明亮有神，不羞明流泪，结膜粉红，无分泌物。双耳灵活，耳道清洁，耳内侧呈粉红色。鼻镜湿润、清凉，不流鼻涕。口黏膜、齿龈和舌红润，不苍白，无口臭。被毛柔软，整洁，光滑，不打结，不脱毛。皮肤柔软有弹性，不硬结，不肥厚。尾下方无“黄印”，肛门不红肿，无溃烂。

本章小结

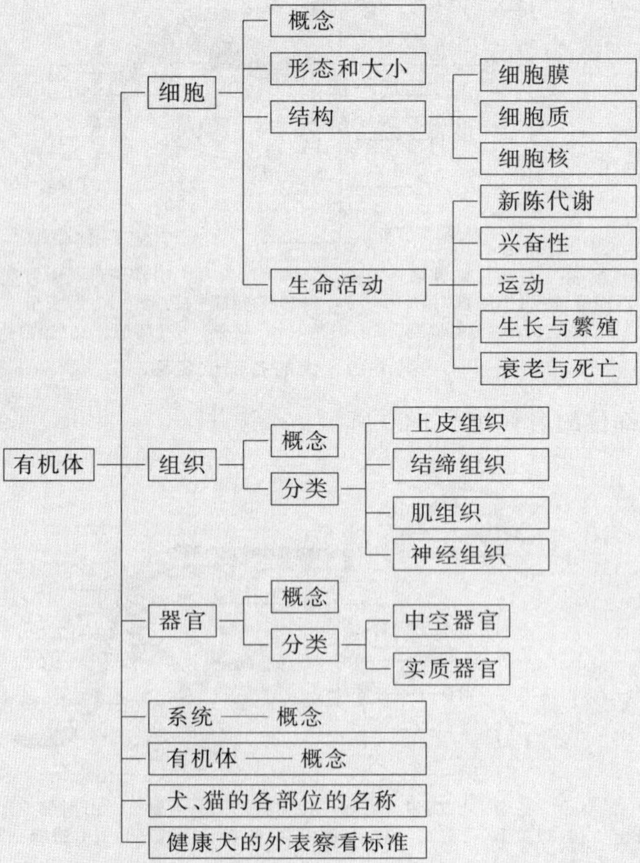

技能训练

一、显微镜的构造、使用和保养

【目的要求】掌握显微镜的构造、使用与保养方法。

【材料设备】显微镜，组织切片。

【方法步骤】

1.显微镜构造

光学显微镜的构造分为 2 部分。

(1)机械部分　有镜座、镜臂、镜筒、调节器、载物台、推进器、转换器、压夹等。

(2)光学部分　有目镜、物镜、反光镜、聚光器。

目镜：在镜筒上端，上有不同的放大倍数。

物镜：安在转换器上，有低倍镜(8×、10×、20×、25×)，高倍镜(40×、60×)和油镜(100×)。显微镜的放大倍数是目镜和物镜放大倍数的乘积。

2.显微镜的使用方法

①先用低倍镜对光，直至出现清晰、亮度均匀的视野。

②将欲观察的切片用压夹固定在载物台上并将被检物对准聚光器。

③选用粗调节器，使镜筒下降或使载物台上升，为防止压破切片，应将头偏于一侧，注视物镜与切片间的距离缩到最小。

④用左眼观察，右眼睁开，先后调节粗细调节器，使呈现清晰物像。

⑤调节光线时，可调节光圈或升降聚光器。

3.显微镜的保养

①用完后，取下切片，转动转换器，使物镜呈八字形叉开，转动粗调节器，使载物台下降，用绸布包好，放入镜箱，远离热源，防尘防霉。

②轻取轻放，勿随意拆卸，保持清洁。

③油镜用毕，应用擦镜纸蘸少许二甲苯拭去镜头以及切片上的香柏油。

【技能考核】

①掌握显微镜各部构造及作用。

②在规定时间内找出清晰的图像。

二、组织切片观察

【目的要求】掌握单层柱状上皮、疏松结缔组织、骨骼肌、平滑肌和神经元的形态结构特点。

【材料设备】显微镜、相关的组织切片及挂图。

【方法步骤】

(1)单层柱状上皮观察　观察小肠绒毛上呈柱状、核椭圆、排列紧密的柱状上皮。

(2)疏松结缔组织观察　注意观察胶原纤维与弹性纤维的区别及不同形态的细胞。

(3)骨骼肌观察　细胞呈圆柱状,细胞膜下有许多核,暗视野下可见横纹。

(4)平滑肌观察　肌纤维长梭形,1 核,居中央。

(5)神经元观察　观察脑或脊髓灰质中的神经元。

以上各组织切片,均先用低倍镜找到典型部位,再换高倍镜观察。

【技能考核】布置作业,绘出有关组织的显微镜下结构。

三、犬体各部位识别

【目的要求】准确掌握犬体各部位的划分和健康犬的外观特征。

【材料设备】健康犬,保定设施。

【方法步骤】

①将犬确实安全保定,教师现场划分犬体各有关部位。

②现场观察健康犬应具备的外部特征。

【技能考核】现场抽查。

复习思考题

1. 叙述细胞与有机体的结构与机能的关系。
2. 简述细胞膜的结构及主要细胞器的功能。
3. 掌握 4 种基本组织的分类、分布和功能。
4. 说明疏松结缔组织对机体的保护作用是如何实现的?
5. 健康犬应具备的外表特征有哪些?

第二章　运动系统

知识目标：了解犬、猫的运动系统的组成；掌握骨的构造、化学成分和物理特性；掌握全身主要骨、关节和肌肉的位置。

技能目标：能够在活体上熟练掌握全身主要骨、关节、肌肉和骨性及肌性标志。

犬、猫的运动系统由骨骼、骨连结和肌肉 3 部分组成。它们在神经系统的支配下，与其他系统密切配合，对机体起着运动、支持和保护的作用。

第一节　骨　　骼

一、骨

(一)骨的形态

骨可分为长骨、扁骨、短骨和不规则骨 4 种类型。

(1)长骨　呈中空的管状，中部细长称为骨干，两端膨大称为骨骺，骺表面有光滑的关节面。长骨分布于四肢，起支撑和杠杆作用。

(2)扁骨　呈板状，对腔内器官有支持、保护作用。如颅骨等。

(3)短骨　短而小，如腕骨、跗骨等，主要起支持和缓冲作用。

(4)不规则骨　形状不规则，如椎骨，起支持、保护和供肌肉附着作用。

(二)骨的构造

骨由骨膜、骨质、骨髓和血管神经构成(图 2-1)。

(1)骨膜　是覆盖在骨表面(关节面除外)的一层致密结缔组织膜。内含有成骨细胞及丰富的血管神经，故骨膜呈粉红色。骨膜对骨有保护、营养、新生等重要作用。因此，在处理骨折等手术时，要很好地保护骨膜。

(2)骨质　是构成骨的主要成分，有骨密质和骨松质2种。骨密质坚硬，耐压性强，分布在骨的外层；骨松质呈海绵状，分布在长骨的两端和其他类型骨的内部。骨密质和骨松质在骨内的这种分布，使骨既轻便又坚固，适于运动。

(3)骨髓　位于骨的骨髓腔和骨松质间隙内。正常成年动物的骨髓有红骨髓和黄骨髓两种(幼龄动物全是红骨髓)，红骨髓分布在长骨两端、短骨、扁骨以及不规则骨的骨松质内，是重要的造血器官；黄骨髓填充在长骨的骨髓腔内，主要有脂肪组织构成，无造血机能。

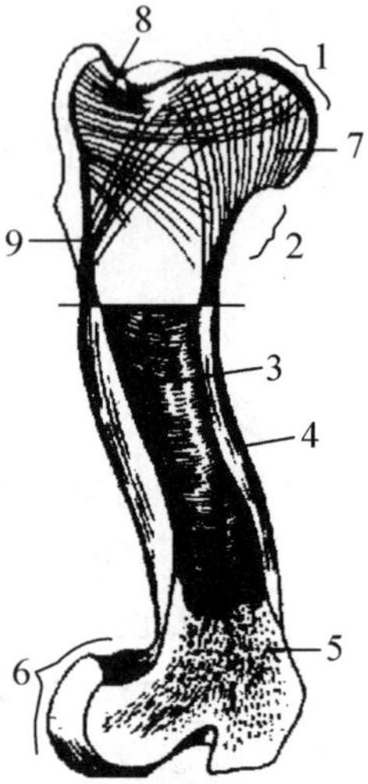

1.臂骨头　2.臂骨颈　3.骨髓腔　4.骨密质　5.骨松质　6.臂骨滑车　7,8,9.骨松质作抛物线状排列的骨扳

图 2-1　骨的构造图

(三)骨的化学成分和物理特性

骨是体内最坚硬的组织，它承受相当大的压力和张力，另外还具有很显著的弹性。骨的物理特性不仅决定骨的形状和内部构造，且与它的化学成分有密切关系。

骨的化学组成包括有机质和无机质。有机质主要是骨胶原(蛋白质)，使骨具有弹性和韧性；无机质主要是钙盐(磷酸钙、碳酸钙等)，使骨具有坚固性和脆性。成年动物的骨约含1/3的有机质和2/3的无机质，这样的比例使骨具有最大的坚固性。幼龄动物的骨内有机质含量较多，故弹性较大，不宜骨折而易变形；老龄动物的骨则相反，无机质较多，故脆性较大，易发生骨折。

二、骨连结

骨与骨的连结方式可分为直接连结和间接连结两种，直接连结包括纤维连结(如颅骨间的骨缝)和软骨连结(如椎间连结)；间接连结即通常所说的关节，关节的基本构造包括关节面、关节软骨、关节囊和关节腔4部分(图2-2)。

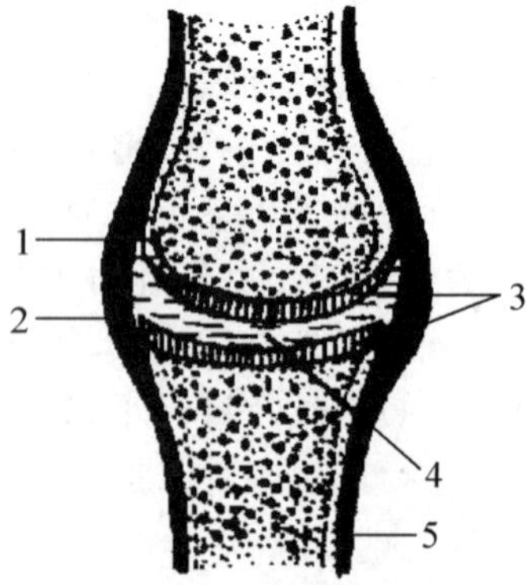

1.关节囊的纤维层　2.关节囊的滑膜层　3.关节软骨　4.关节腔　5.滑膜

图 2-2　关节构造模式图

(1)关节面　是骨与骨相接触的光滑面，骨质致密，形状彼此互相吻合，其中一个略凸或呈球状，称关节头；另一个略凹，称关节窝。

(2)关节软骨　是附着在关节面上的一层透明软骨，光滑而有弹性和韧性，可减少运动时的冲击和摩擦。

(3)关节囊　是包围在关节周围的结缔组织囊。囊壁分内外 2 层，外层是纤维层，厚而坚韧，有保护作用；内层是滑膜层，薄而柔润，有丰富的血管网，能分泌滑液。

(4)关节腔　是关节软骨和关节囊之间的间隙，内有少量淡黄色的滑液，起润滑关节和营养关节的作用。

三、全身骨骼的组成

犬的全身骨骼约 300 枚，猫 230～247 枚，按其所在的部位分为头部骨骼、躯干骨骼、前肢骨骼和后肢骨骼 4 部分(图 2-3 和图 2-4)。

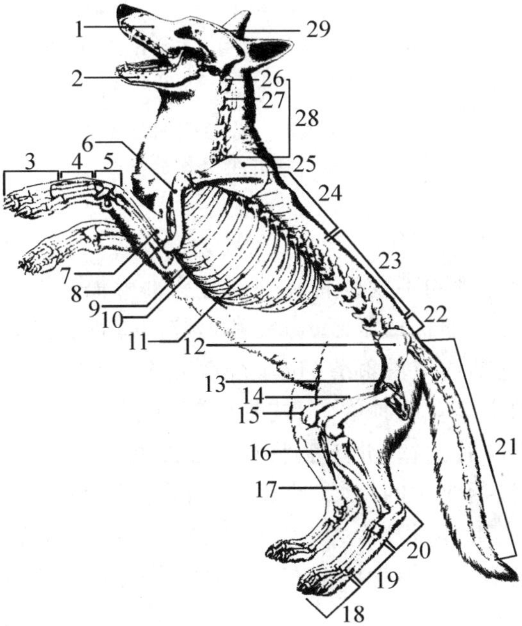

1.上颌骨　2.下颌骨　3.指骨　4.掌骨　5.腕骨　6.肱骨　7.桡骨　8.尺骨　9.胸骨　10.肋软骨　11.肋骨　12.髂骨　13.坐骨　14.股骨　15.膝盖骨　16.腓骨　17.胫骨　18.趾骨　19.跖骨　20.跗骨　21.尾椎　22.荐椎　23.腰椎　24.胸椎　25.肩胛骨　26.寰椎　27.枢椎　28.颈椎　29.颅骨

图 2-3　犬的全身骨骼

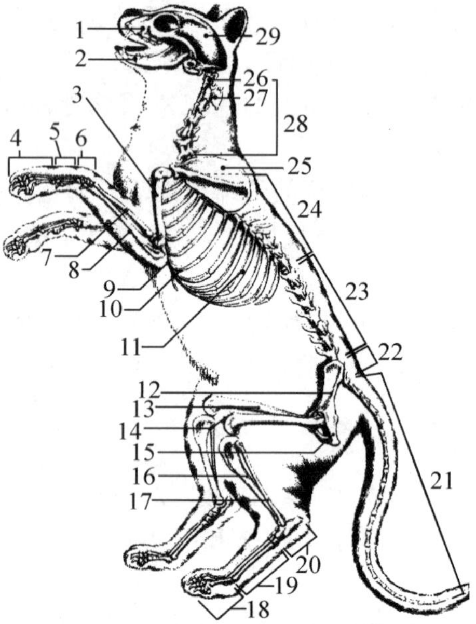

1.上颌骨　2.下颌骨　3.肱骨　4.指骨　5.掌骨　6.腕骨　7.桡骨　8.尺骨　9.胸骨　10.肋软骨　11.肋骨　12.髂骨　13.股骨　14.膝盖骨　15.坐骨　16.胫骨　17.腓骨　18.趾骨　19.跖骨　20.跗骨　21.尾椎　22.荐椎　23.腰椎　24.胸椎　25.肩胛骨　26.寰椎　27.枢椎　28.颈椎　29.头盖骨

图 2-4　猫的全身骨骼

(一)头部骨骼

头部骨骼主要为扁骨和不规则骨。一部分头部骨骼围成颅腔,容纳并保护脑,称颅骨;另一部分头部骨骼构成眼眶、鼻腔和口腔的骨性支架,称面骨。

(1)颅骨　颅骨包括成对的额骨(位于颅腔顶壁)、颞骨(位于颅腔两侧壁)、顶骨(位于颅腔顶壁)和不成对的顶间骨、枕骨(位于颅腔后壁)、蝶骨(位于颅腔底壁前部)以及筛骨(位于颅腔前壁,介于颅腔和鼻腔之间)。

(2)面骨　面骨包括成对的泪骨、颧骨、鼻骨、上颌骨、颌前骨、腭骨、翼骨、鼻甲骨和不成对的下颌骨、犁骨以及舌骨。其中上颌骨下缘有 6 个臼齿槽;颌前骨有 3 个切齿槽和 1 个犬齿槽。下颌骨体上有切齿槽,下颌支有犬齿和臼齿槽。两下颌支之间形成下颌间隙。

(3)颞下颌关节　是头部唯一活动的关节,是由下颌骨与颞骨构成。能做开口、闭口和左右活动等动作。

(4)头部的骨性标志　颞窝,颧弓,齿槽间隙,血管切迹,下颌间隙。

(二)躯干骨骼

躯干骨包括椎骨、肋和胸骨。

1.椎骨

椎骨可分为颈椎(G)、胸椎(T)、腰椎(L)、荐椎(S)、尾椎(Gy),犬的脊柱式为$G_7T_{13}L_7S_3Gy_{20\sim23}$,猫的脊柱式为$G_7T_{13}L_7S_3Gy_{14\sim28}$。各椎骨相互连接起来,形成脊柱。脊柱中央有纵行的椎管,是由各椎骨的椎孔相连而成,内藏脊髓。椎管两侧各有一排椎间孔,有脊神经通过。脊柱的背侧正中有一排棘突,胸椎棘突最高。脊柱的两侧各有一排横突,腰椎横突最长,可以在体表触摸到。脊柱的作用是支持体重,保护脊髓,传递推动力,参与胸腔、腹腔及骨盆腔的构成。

2.肋

肋为左右成对的弓形长骨,连于胸椎和胸骨之间,构成胸廓的侧壁。两相邻肋之间的间隙,称肋间隙。肋的对数和胸椎枚数一致,有13对。每根肋包括肋骨和肋软骨。肋骨的上端与相邻胸椎成关节,肋骨下端接肋软骨。最后肋骨和肋软骨依次连接形成肋弓。最后肋骨的肋软骨不与前肋相连而独立存在,称浮肋(图2-5)。

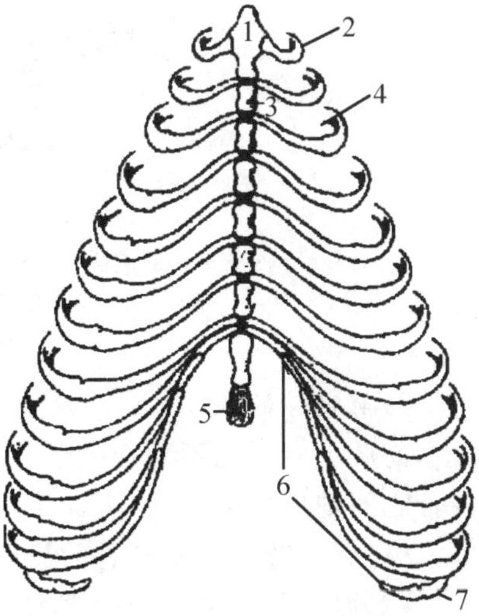

1.胸骨柄　2.第1肋骨　3.胸骨片　4.肋骨肋软骨结合部　5.剑状软骨　6.肋弓　7.浮肋

图2-5　犬的胸骨和肋软骨(腹侧观)

3.胸骨

胸骨位于胸廓底部正中,有7块胸骨片借软骨连接而成。胸骨由前向后分为胸骨柄、胸骨体和剑状软骨(剑突)3部分(图2-5)。

(1)胸廓　由胸椎、肋和胸骨共同组成,呈前小后大的圆锥形。胸廓前口由第1胸椎、第1对肋和胸骨柄围成;胸廓的后口由最后1个胸椎、左右肋弓和剑状软骨围成。胸廓前部的肋短而粗,具有较大的坚固性,以保护心、肺,并便于连接前肢;胸廓后部的肋细而长,具有较大的活动性,以适应呼吸运动。

(2)躯干部的骨性标志　腰椎横突、肋、肋弓、肋间隙及剑状软骨。

(三)前肢骨及其连结

1.前肢骨的组成

前肢骨包括肩带部(主要指发达的肩胛骨,锁骨多已退化),臂(肱)骨、前臂骨(由桡骨和尺骨组成)和前脚骨(包括腕骨、掌骨和指骨)(图2-6)。

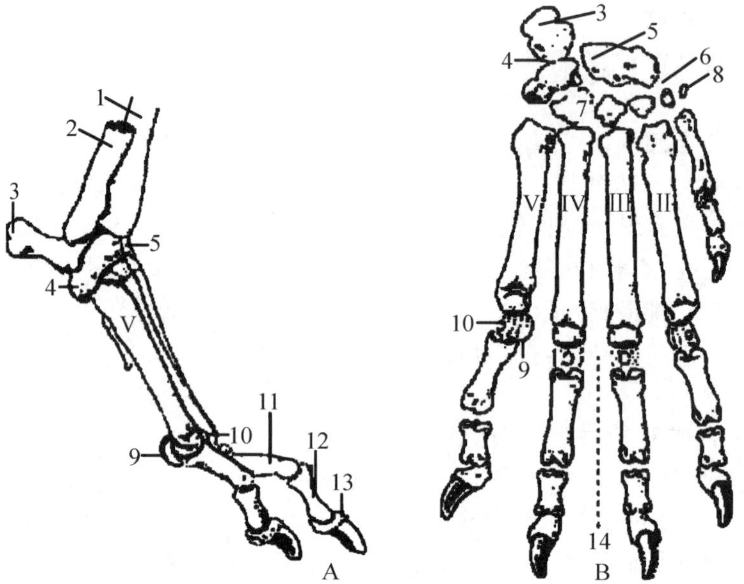

A. 外侧观　B. 背侧观　罗马字母表示各掌骨的序列
1. 桡骨　2. 尺骨　3. 副腕骨　4. 尺侧腕骨　5. 中间桡腕骨　6,7. 第 1～4 掌骨　8. 籽骨
9. 近侧籽骨　10. 背侧籽骨　11,12,13. 第 1,2,3 指节骨　14. 前脚骨的轴

图 2-6　犬的右前脚骨

2. 前肢骨的连结

前肢与躯干间不形成关节，靠强大的肌肉群将肩胛骨与躯干连接起来。前肢各骨之间均形成关节，自上而下依次为：

(1)肩关节　由肩胛骨的肩臼和臂骨头形成的多轴关节。

(2)肘关节　由臂骨远端和前臂骨近端形成的单轴关节。

(3)腕关节　由臂骨远端、腕骨和掌骨近端形成的单轴关节。

(4)指关节　包括掌指关节、近指骨间关节和远指骨间关节。

(四)后肢骨及其连结

1. 后肢骨的组成

后肢骨包括髋骨、股骨、膝盖骨、小腿骨(由胫骨和腓骨组成)和后脚骨(包括跗骨、跖骨和趾骨)(图 2-7)。

髋骨由髂骨、耻骨和坐骨结合而成。三骨结合处形成 1 个深的关节窝，称髋臼。髂骨位于背外侧，前部宽而扁，成三角形，称为髂骨翼；后部呈三棱形，称为髂骨体。髂骨翼的外侧面称臀肌面，内侧面(骨盆面)有一粗糙的部分称耳状面。

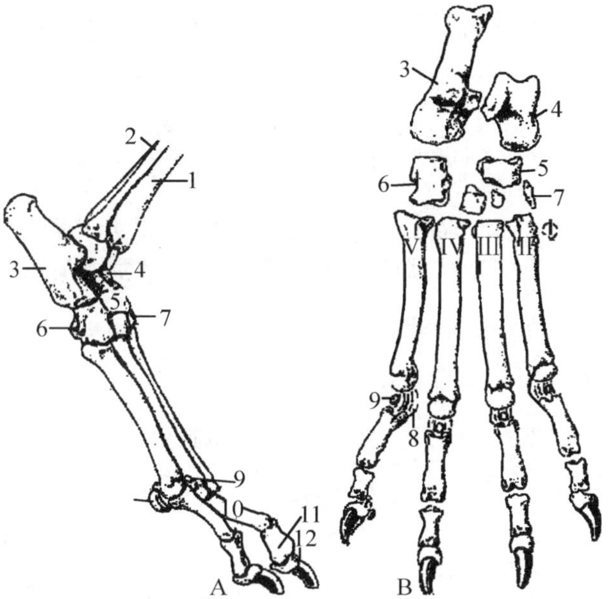

A. 外侧观　B. 背侧观　罗马字母表示各跖骨的序列
1. 胫骨　2. 腓骨　3. 跟骨　4. 距骨　5. 中央跗骨　6. 第 4 跗骨　7. 第 1～3 跗骨
8. 近侧籽骨　9. 背侧籽骨　10,11,12. 第 1,2,3 趾骨

图 2-7　犬的右后脚骨

髂骨翼的外角粗大,称为髋结节,内角称为荐结节。耻骨位于腹侧前方,坐骨在腹侧后部,两骨之间围成闭孔。两侧耻骨和坐骨之间的结合处,分别称为耻骨联合和坐骨联合,合称为骨盆联合。两侧坐骨后缘形成坐骨弓,弓的两端突出且粗糙,称坐骨结节。

2. 后肢骨连结及骨盆

后肢关节自上而下依次为：

(1)荐髂关节　由荐骨翼和髂骨翼的耳状面构成,结合紧密,几乎不能活动,主要作用是连接后肢和躯干。

(2)髋关节　由髋臼和股骨近端构成。髋关节为多轴关节,但因肌肉和韧带的限制,主要做屈伸运动。

(3)膝关节　由股骨远端、胫骨近端和膝盖骨构成。包括膝关节和骨胫关节,主要做屈伸运动。

(4)跗关节　又叫飞节。由胫骨远端、跗骨和跖骨近端构成。主要做屈伸运动。

(5)趾关节　包括跖趾关节、近趾间关节和远趾间关节。

(6)骨盆腔　顶壁由荐骨和前 3 个尾椎构成;两侧壁为髂骨和荐坐韧带;底壁为耻骨和坐骨;前口以荐骨岬、髂骨和耻骨前缘为界;后口由第 3 尾椎、坐骨弓和两侧荐坐韧带的后缘所形成。骨盆腔具有保护盆腔内脏和传递推力的作用，又是娩出胎儿的骨性产道。

第二节 肌 肉

运动系统的肌肉属于骨骼肌，是运动系统的动力部分。动物全身的肌肉按其所在部位可分为头部肌肉、躯干肌肉和四肢肌肉。本节主要简述颈腹侧肌、胸壁肌和腹壁肌。

一、颈腹侧肌

颈腹侧肌位于颈部腹侧皮下，包括胸头肌和胸骨甲状舌骨肌(图 2-8)。

(一)胸头肌

胸头肌位于臂头肌下缘，二者之间形成颈静脉沟，内有颈静脉。该肌收缩时，可屈头颈。

(二)胸骨甲状舌骨肌

胸骨甲状舌骨肌起于胸骨柄，沿气管腹侧向头部延伸，至颈中部分内、外侧两支，外侧支止于喉的甲状软骨，称为胸骨甲状肌；内侧支止于舌骨，称为胸骨舌骨肌。当吞咽时，该肌可向后牵引舌和喉，以利于吞咽。

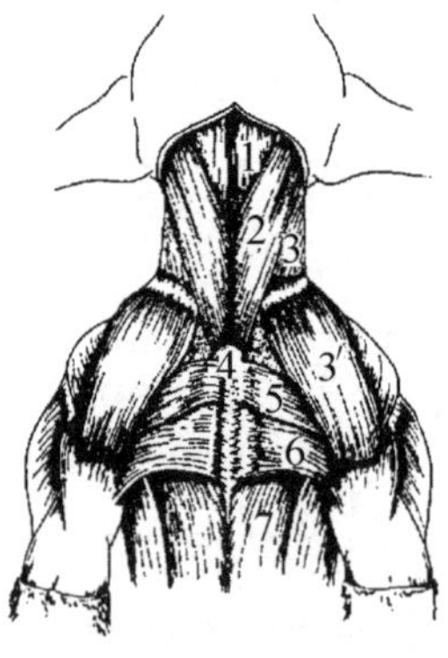

1.胸骨舌骨肌和胸骨甲状肌 2.胸头肌 3,3′.臂头肌 4.胸骨柄 5.胸浅前肌 6.胸前后肌 7.胸深肌

图 2-8 犬的颈部及其胸腹侧肌

二、胸壁肌

胸壁肌分布于胸侧壁，并形成胸腔后壁。主要包括以下几部分。

(一)肋间外肌

肋间外肌位于肋间隙浅层，肌纤维起于前一肋后缘，斜向后下方，止于后一肋骨前缘。收缩时可向前外方牵引肋骨，使胸腔横径扩大，引起吸气。

(二)膈肌

膈肌为一大的圆形板状肌，位于胸腹腔之间，又叫横膈膜(图 2-9)。膈由周围的肌质部和中央的腱质部构成，膈顶凸向胸腔。膈上有 3 个裂孔，上方是主动脉裂

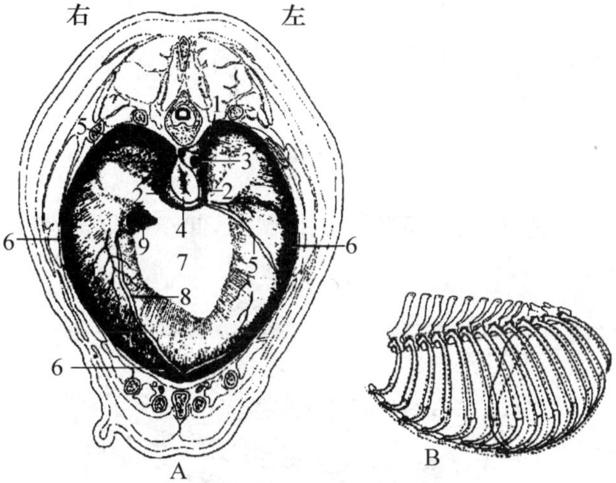

A. 犬的膈(前面观)　B. 吸气(虚线)和呼气(实线)状态下的膈体外投影线
1. 左脚　2. 右脚　3. 主动脉　4. 食管　5. 纵隔后部与膈的附着部　6. 膈的胸骨部和肋骨部
7. 中心腱　8. 大静脉附着部　9. 后腔静脉

图 2-9　犬的膈

孔,中间是食道裂孔,下方是腔静脉裂孔,分别由主动脉、食管和后腔静脉通过。

由于膈顶凸向胸腔,膈肌收缩时,使膈顶后移,扩大胸腔的纵径,帮助吸气;膈顶回位,帮助呼气。

(三)肋间内肌

肋间内肌位于肋间外肌深层,肌纤维起于后一肋骨前缘,斜向前下方,止于前一肋骨后缘。收缩时,可向后内方牵引肋骨,使胸腔横径缩小,引起呼气。

三、腹壁肌

腹壁肌构成腹腔侧壁和底壁,有 4 层肌纤维走向不同的板状肌构成。由外向内依次是腹外斜肌、腹内斜肌、腹直肌和腹横肌。除腹直肌外,其余 3 层肌肉,位于腹侧壁的上部为肌腹,下部变为腱膜,两侧腹壁肌的腱膜在腹底正中线处相连,形成一条腹白线,在腹白线稍后方有一瘢痕,叫脐。

(一)腹外斜肌

腹外斜肌位于腹侧壁的最外层,起于肋骨外侧面,肌纤维斜向后下方,在肋弓后下方延续为腱膜,止于腹白线。

(二)腹内斜肌

腹内斜肌位于腹外斜肌的深层，大部分起于髋结节，肌纤维斜向前下方，在腹侧壁中部转为腱膜，止于最后肋骨后缘和腹白线。

(三)腹直肌

腹直肌位于腹腔底壁、白线两侧的宽带状肌，起于胸骨，肌纤维前后纵行，止于耻骨前沿(图 2-10)。

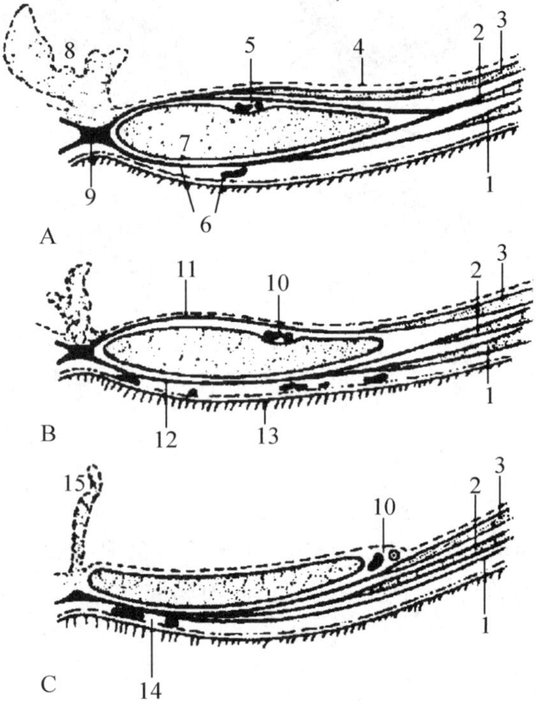

A. 脐的前方　B. 脐的后方　C. 耻骨附近

1. 腹外斜肌　2. 腹内斜肌　3. 腹横肌　4. 腹膜　5. 腹壁前动脉和静脉　6. 腹壁前浅动脉和静脉　7. 腹直肌　8. 含有脂肪的镰状韧带　9. 腹白线　10. 腹壁后动脉和静脉　11. 腹直肌鞘的内板　12. 腹直肌鞘的外板　13. 皮肤　14. 腹壁后浅动脉和静脉　15. 膀胱圆韧带

图 2-10　犬的腹直肌鞘的横断面

(四)腹横肌

腹横肌位于腹侧壁最内层，较薄，起于腰椎横突及肋弓内侧，肌纤维上下行走，以腱膜止于腹白线。

(1)腹肌的作用　腹壁肌构成柔软而富有弹性的腹壁，对腹腔脏器起着重要的支持和保护作用，腹肌收缩，能增大腹压，协助呼气、排便和分娩等活动。

(2)腹股沟管　位于股内侧，为腹外斜肌和腹内斜肌之间的 1 个斜行裂隙。管的内口通腹腔，称腹环；外口通皮下，称皮下环。腹股沟管是胎儿时期睾丸从腹腔堕入阴囊的通道，管内有精索。动物出生后如果腹环过大，小肠可进入管内，形成疝。

四、四肢肌肉

除前肢肩关节和后肢髋关节外，四肢各关节多为单轴关节，其伸肌都通过关节角顶，屈肌位于夹角内。同时，前肢肌肉多在腕关节以下，后肢肌肉多在跗关节以下变为强厚的腱。

本章小结

- 运动系统
  - 骨骼
    - 骨
      - 骨的形态
      - 骨的构造
      - 骨的化学成分和物理特性
    - 骨连结
      - 骨的直接连结
        - 纤维连结
        - 软骨连结
      - 骨的间接连结(关节)
    - 全身骨骼的组成
      - 头部骨骼
      - 躯干骨骼
      - 前肢骨及其连结
      - 后肢骨及其连结
  - 肌肉
    - 颈腹侧肌
      - 胸头肌
      - 胸骨甲状舌骨肌
    - 胸壁肌
      - 肋间外肌
      - 膈肌
      - 肋间内肌
    - 腹壁肌
      - 腹外斜肌
      - 腹内斜肌
      - 腹直肌
      - 腹横肌
  - 四肢肌肉

技能训练

犬全身的主要骨、关节、肌肉和骨性标志的识别

【目的要求】在标本上掌握主要骨、关节、肌肉和骨性标志，并能熟练应用于活体。

【材料准备】犬骨、肌肉标本，活犬。

【方法步骤】

①先在标本上识别全身主要骨、关节、肌肉和骨性标志；

②确实保定活犬，将上述内容识别运用于活体。

【技能考核】可抽查上述内容。

复习思考题

1. 骨的化学成分和物理特性随动物年龄的增长会发生怎样的变化？
2. 说明成年动物骨髓的种类、分布和作用。
3. 说明骨与关节的基本构造。
4. 说明动物胸廓与骨盆腔的围成。
5. 动物前肢由上而下有哪些骨和关节？
6. 动物后肢由上而下有哪些骨和关节？
7. 说明腹侧壁肌和腹底壁肌的组成。

第三章 被皮系统

知识目标：了解皮肤的结构、功能和护理的意义；掌握健康皮肤和被毛的特征；掌握乳腺的结构、乳的生成及吃初乳的意义。

技能目标：能在模型上正确指出皮肤及其衍生物的具体结构。

被皮系统是由皮肤及其衍生物构成。

第一节 皮 肤

一、皮肤的构造

皮肤由表皮、真皮和皮下组织构成(图 3-1)。

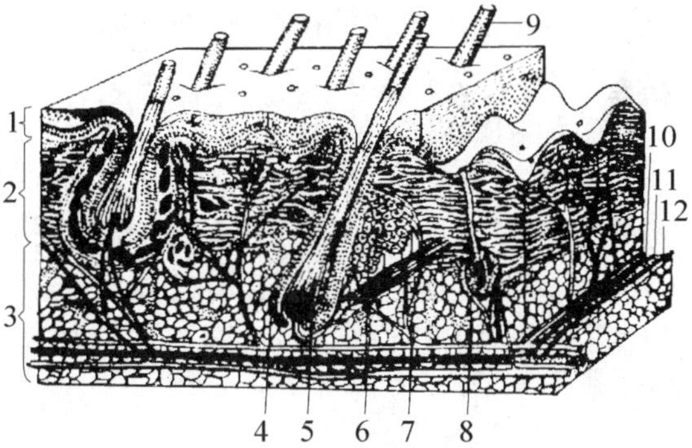

1. 表皮　2. 真皮　3. 皮下组织　4. 毛囊　5. 毛根　6. 皮脂腺　7. 竖毛肌　8. 汗腺　9. 毛干　10. 神经　11. 静脉　12. 动脉

图 3-1　皮肤的构造模式图

(一)表皮

表皮为皮肤的表层,由复层扁平上皮细胞构成。表皮的最表层是由大量已角化的扁平细胞构成。浅层的细胞死亡后,脱落形成皮屑,以清除皮肤上的污垢和寄生异物。表皮的最深层细胞分裂增生能力强,所增生的细胞不断向表面推移,以补充表皮脱落的细胞。深层中还有呈星状的色素细胞,胞质内含有色素颗粒。色素与皮肤及毛的颜色有关,并能防止日光中的紫外线损伤深部组织。

表皮中没有血管,细胞的营养供应和代谢产物的排泄都是依靠细胞间隙的组织液与真皮毛细血管内的血液之间的物质扩散来实现的。

(二)真皮

真皮位于表皮的深面,由致密结缔组织构成,坚韧而又富有弹性,是皮肤最主要、最厚的一层,皮革就是由真皮鞣制而成的。真皮内有汗腺、皮脂腺、毛囊及丰富的毛细血管、淋巴管和神经等。临床上作皮内注射,就是把药液注入真皮层内。

(三)皮下组织

皮下组织位于真皮下面,由疏松结缔组织构成。在皮下组织发达的部位,如颈部,临床上常选用做皮下注射的部位。

二、皮肤的机能

皮肤包被身体,既能保护深层的软组织,防止体内水分蒸发;又能防止病原微生物、有害的物理化学因素侵入体内,是机体和周围环境的屏障。此外,皮肤能产生溶菌酶和免疫体,从而提高皮肤对微生物的抵抗力。因此,皮肤是机体的重要保护器官。

皮肤中存在着各种感受器,能够感受触、压、温、冷、痛等不同刺激。

皮肤能吸收一些脂类、挥发性液体(如醚、酒精等)和溶解在这些液体里的物质,但不吸收水和水溶性物质。因此,应用外用药物治疗皮肤病时,应当注意药物浓度和擦药面积的大小,以防止吸收过多而引起中毒。

皮肤还能通过排汗排出体内的代谢产物,并具有调节体温、分泌皮脂、合成维生素 D 和贮藏脂肪的功能。

三、健康皮肤的特征

健康犬、猫的皮肤手感柔软而有弹性;皮肤温度不凉不热,手感温和;无任何溃疡和肿块；无虱、螨等寄生虫和其他皮肤病。不健康的皮肤干燥，弹性差，被毛粗硬，杂乱，如患有寄生虫病或其他皮肤病，犬、猫会经常用爪搔抓病变部位，甚至可见斑秃和溃疡。

四、皮肤的护理

犬有喜爱清洁，厌恶潮湿的习惯，犬不在吃食、睡觉的场所排泄粪尿，并在休息时常用牙啃咬皮肤，用爪搔抓被毛。犬喜欢洗澡，尤其是犬本身能分泌一种蜡样分泌物，如黏在被毛、皮肤上，会发出一种很难闻的“狗气”味道，所以应经常给犬洗澡。洗澡次数应根据犬的被毛类型、干净程度和气候状况而定。被毛短、分泌物少的品种，洗澡次数可少些；相反，可多洗几次。夏季可勤些，冬季可少些。需要注意的是洗澡并不是越勤越好，否则不但容易使油脂过度损失，造成皮肤干燥，被毛无光，还会降低皮肤的抵抗力。

猫也爱清洁，也应视被毛脏净、季节、气候等情况给予洗澡。

第二节　皮肤衍生物

在犬、猫的某些部位，有由皮肤演化而成的特殊器官，统称为皮肤衍生物。主要包括毛、皮肤腺、枕和爪等。

一、毛

毛是一种角化的表皮结构，主要起保护和美观作用。

(一)毛的结构

毛可分为露在皮肤外面的毛干和埋在真皮和皮下的毛根 2 部分(图 3-2)。毛根末端的膨大部叫毛球，毛球的细胞分裂能力很强，是毛的生长点。毛球的底部有毛乳头，内有丰富的血管、神经，可营养毛球。毛根周围有由上皮组织和结缔组织形成的毛囊，在毛囊的一侧有一束斜行的平滑肌，称竖毛肌，该肌收缩时，可使毛竖立(图 3-3)。

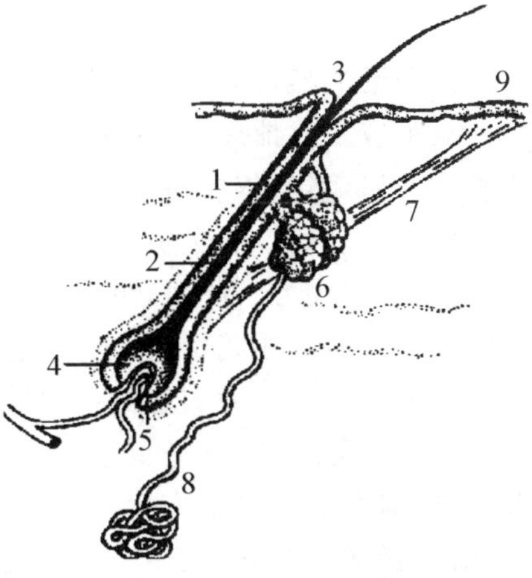

1.毛囊　2.毛根　3.毛干　4.毛球
5.毛乳头　6.皮脂腺　7.竖毛肌
8.汗腺　9.皮肤表面

图 3-2　毛、皮脂腺和汗腺形态模式图

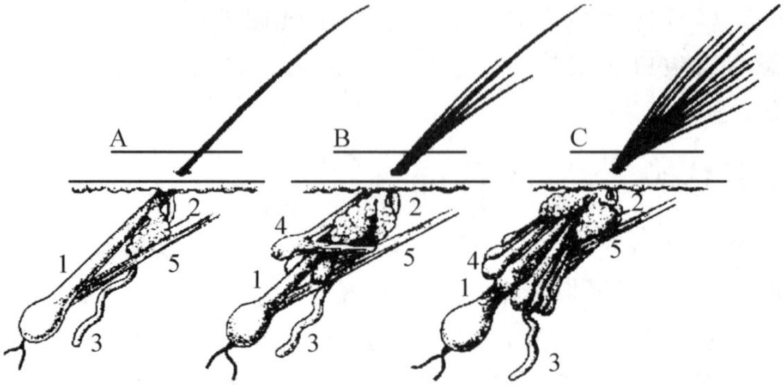

A. 刚出生的毛囊 B. 出生数个月后的毛囊 C. 成年犬的毛囊
1. 主毛囊 2. 皮脂腺 3. 汗腺导管 4. 次级毛囊 5. 竖毛肌

图 3-3 犬的毛囊

(二)换毛

毛长到一定时期,毛乳头的血管衰退,血流停止,毛球细胞停止增值,并逐渐角化和萎缩,最后与毛乳头分离,毛根逐渐脱离毛囊向皮肤表面移去。由于靠近毛乳头的细胞增殖形成新毛,最后旧毛被新毛推出而发生换毛。

犬每年换 2 次毛,以适应气候的变化。每年晚春季节,冬毛脱落,逐渐换为夏毛;晚秋季节,逐渐换为冬毛。猫一般每年也换 2 次,有的要换 3～4 次。

(三)毛的梳理与修剪

对毛应及时梳理,尤其在春秋换毛季节,更为重要。梳毛时,应顺着毛的方向,从颈部开始,然后依次梳到背、胸、腰、腹、荐、臀,再梳到头,最后是四肢和尾。梳完一侧再梳另一侧。通过梳毛,可及时除去脱落的被毛、污垢和灰尘,保持犬体的清洁卫生、美观大方。同时,可促进皮肤血液的循环,增强其抵抗力,防止皮肤病及寄生虫病的发生。还能增进人、犬之间的感情。

被毛的修剪是犬美容的主要内容之一,同时也可防止被毛缠结成毛团。通过修剪被毛,还能使其体型更加优美。由于犬的品种不同,被毛修剪的方法、技巧也有差异,但主要是根据犬的体型特点,依照发挥其优点、掩饰其缺陷、增加其美感的原则,选择适合的方法,使犬达到更加理想的形象。

二、皮肤腺

(一)汗腺

汗腺为管状的皮肤腺,位于皮肤的真皮内。其腺体分泌部盘曲成小球状,腺导管开口于表皮或毛囊。汗腺分泌汗液，汗液中除水（占 98%）外，还含有盐类和一些代谢废物，故汗腺分泌不仅能散发热量，调节体温，还有排泄废物的作用。但犬、猫的汗腺均不发达，犬只在趾球与趾间的皮肤上有少量的汗腺分布，汗液分泌量很少；而猫只有 4 只脚底有大汗腺分布，猫出汗只在脚底。所以，犬、猫的体温调节主要是通过皮肤和呼吸来进行的。

（二）皮脂腺

皮脂腺位于毛囊附近，排泄管多数开口于毛囊。分泌物为皮脂，是一种脂肪物质，有滋润皮肤和被毛的作用。猫的皮脂还含有维生素 D，当猫舔毛时即可摄入。

（三）特殊的皮脂腺

（1）肛门周围腺　局限于肛门周围的皮肤内，为特殊的汗腺，其分泌物易唤起异性的注意。

（2）肛门旁腺　开口于肛门周缘的皮肤性囊状的肛门旁陷凹处，其分泌物具有特殊的恶臭味。

（四）乳腺

（1）乳腺的位置　犬乳腺一般形成 4～5 对乳丘，对称排列于胸腹部正中线两侧（图 3-4）。其中产乳较多的只有后面 3 对，处在胸部的乳腺发育程度较差，泌乳量较少。猫有 4～5 对，2 对位于胸部，3 对位于腹部。在哺乳期的乳腺非常发达，而在非哺乳期并不明显。

（2）乳腺的结构　乳腺的最外面是薄而柔软的皮肤，乳腺实质分成许多腺小叶。腺小叶由腺泡和腺小管组成。腺泡和腺小管具有泌乳机能，分泌的乳汁经输乳管集合而成的乳道，进入乳池，再经乳头末端的乳头管排出。乳头管开口处有括约肌。

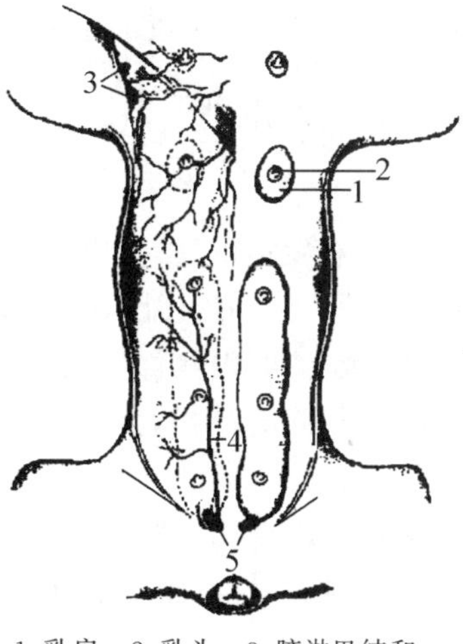

1. 乳房　2. 乳头　3. 腋淋巴结和腋副淋巴结　4. 腹壁浅后动脉和静脉　5. 腹股沟浅淋巴结

图 3-4　犬的乳房

（3）乳腺的发育　雌雄两性动物的乳腺在幼年期没有明显的区别。只是随着雌性动物的生长发育，乳腺的结缔组织和脂肪组织逐渐增加，乳腺体积才明显地超过雄性动物。但此时乳腺的实质并没有发育。雌性动物发育到性成熟后，卵巢开始分泌雌性激素，促使乳腺的导管系统生长，乳房体积进一步膨大，但乳腺腺泡还没有形成。当妊娠时，卵巢内的黄体和胎盘分泌的孕酮，促使乳腺导管和腺泡不断生长发育，到妊娠末期，腺泡的上皮出现分泌机能。临产前，腺泡开始分泌初乳。分娩后，乳腺开始正常的泌乳活动，经过一定的泌乳期之后，腺泡和腺导管萎缩，乳腺实质又逐渐被结缔组织和脂肪组织所代替，于是泌乳量下降，乳房体积缩小，最后停止泌乳。当再次妊娠时，乳腺又重新生长发育。

（4）泌乳　血液中的营养物质在乳腺内转化为乳汁并分泌入腺泡腔内的过程，称为泌乳。乳是在乳腺腺泡和腺小管分泌上皮细胞内制造的。生成乳的各种原料都来自血液，其中乳中的球蛋白、酶、激素、维生素和无机盐等，都是由乳腺的分泌上皮细胞从血浆中选择性吸收和浓缩的结果；而乳中的酪蛋白、乳白蛋白、乳脂和乳糖等则是由上皮细胞利用血中的原料，经复杂的生物合成而来的。乳中含有仔畜生长发育所需的一切营养物质。

（5）尽早吃足初乳　母畜分娩后 3～5 d 所分泌的乳，叫初乳。初乳色黄、浓稠、稍有咸味，煮沸易凝固。初乳中含有丰富的蛋白质、无机盐（主要是镁盐）和免疫物质（母源抗体）。初乳中的蛋白质通过消化道可迅速吸收入血液，以补充新生仔畜血浆蛋白的不足；镁盐有轻泻作用，可促使胎粪排出；母源抗体对仔畜更为重要，因为仔畜体内无抗体，而且其免疫系统发育又不完善，所以，初乳可使其获得被动免疫，增强其免疫力。但随着时间的推移，母源抗体含量会迅速下降，有的分娩 12 h 后，其抗体含量能下降 70％，所以，仔畜出生后，应尽早吃上初乳。

三、枕和爪

（一）枕

犬有发达的枕，以其所在的部位，分为腕（跗）枕、掌（跖）枕和指（趾）枕，分别位于腕（跗）、掌（跖）和指（趾）部的内侧面、后面和底面（图 3-5）。枕有和皮肤相同的结构，分为枕表皮、枕真皮和枕皮下组织。枕表皮角化，柔软而有弹性；枕真皮有发达的乳头和丰富的血管、神经；枕皮下组织，由发达的胶原纤维、弹性纤维和脂肪构成。

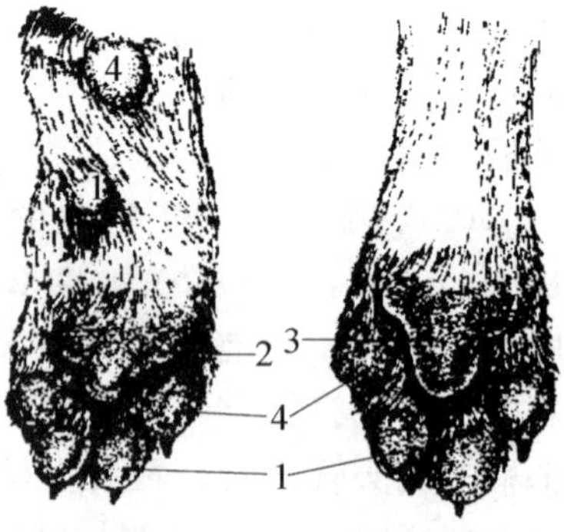

A. 前肢　B. 后肢

1. 指（趾）枕　2. 掌枕　3. 跖枕　4. 腕枕

图 3-5　犬的枕

（二）爪

爪是包裹指（趾）骨末端的指（趾）器官，人们也称为指（趾）甲（图 3-6）。爪具有钩取、挖穴和防卫等功能。如果爪过长而弯曲，不但影响其自身行走，伤及自身皮肉，也会伤人，所以应及时修剪。修剪时不能一下剪得太短，以免伤及肉质部而出血。

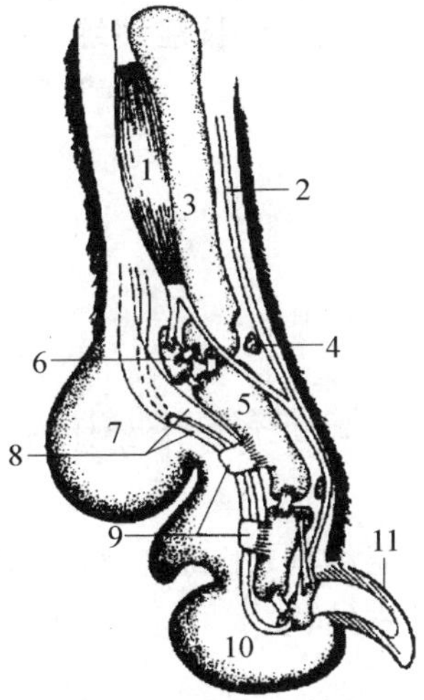

1.骨间中肌　2.伸肌腱　3.掌骨　4.背侧籽骨　5.近指节骨
6.近籽骨　7.掌枕　8.屈肌腱　9.韧带　10.指枕　11.爪

图 3-6　犬前脚的轴切面

本章小结

- 被皮系统
  - 皮肤
    - 皮肤的构造
      - 表皮
      - 真皮
      - 皮下组织
    - 皮肤的机能
    - 健康皮肤的特征
    - 皮肤的护理
  - 皮肤衍生物
    - 毛
      - 毛的结构
      - 换毛
      - 毛的梳理与修剪
    - 皮肤腺
      - 汗腺
      - 皮脂腺
      - 特殊的皮脂腺
      - 乳腺
    - 枕和爪
      - 枕
      - 爪

技能训练

皮肤结构的识别

【目的要求】掌握皮肤的结构。

【材料设备】皮肤模型或组织切片。

【方法步骤】

①在皮肤模型上识别表皮、真皮及皮下组织 3 层分区，观察毛及皮肤腺的结构；

②用低倍镜区分皮肤的 3 层结构；用高倍镜观察毛、皮肤腺、竖毛肌等。

【技能考核】识别皮肤的基本结构。

复习思考题

1. 说明皮肤的构造和技能。
2. 怎样才算健康皮肤？
3. 为什么要给宠物洗澡、梳毛和剪指(趾)甲？
4. 乳是怎样生成的？为什么要及时给仔畜吃初乳？

第四章　消化系统

知识目标：了解内脏的概念、结构特点，掌握宠物消化系统的组成及其各器官的形态、位置与结构。

技能目标：能在标本上识别主要器官的形态、结构；在显微镜下说明其组织学结构特点；在活体上能正确地指出胃肠投影。

消化系统的功能是摄取食物，通过对其进行物理的、化学的以及微生物的消化作用，使食物中一些大分子的营养物质分解成小分子物质，同时消化系统还可以把这些小分子物质吸收到血管或淋巴管中，最后将消化后的残渣排出体外，从而保证新陈代谢的正常进行。消化系统将食物分解为可吸收的小分子物质的过程，称为消化。营养物质通过消化管壁进入血液和淋巴的过程，则称为吸收。

消化系统可分为消化管和消化腺两部分。消化管为食物通过的管道，包括口腔、咽、食管、胃、小肠、大肠和肛门。消化腺为分泌消化液的腺体，消化液中含有多种酶，在消化过程中起催化作用。消化腺包括壁内腺和壁外腺。壁内腺广泛分布于消化管的管壁内，如胃腺和肠腺。壁外腺位于消化管外，形成独立的器官，通过导管将消化液输送到消化管腔内，如唾液腺、肝和胰。

第一节　内脏概述

内脏通常指的是宠物体内消化、呼吸、泌尿和生殖等系统的合称。内脏各系统都由一定的器官组成，大部分位于体腔（胸腔、腹腔和骨盆腔）内。它们的一端或两端直接或间接与外界相通。

一、内脏的一般形态和构造

内脏按其形态结构，可分为管状器官和实质性器官。

(一)管状器官

管状器官多呈管状或囊袋状，如胃、肠、膀胱和输卵管等。管壁一般由4层构成，由内向外依次为黏膜、黏膜下层、肌层和外膜(或浆膜)(图4-1)。

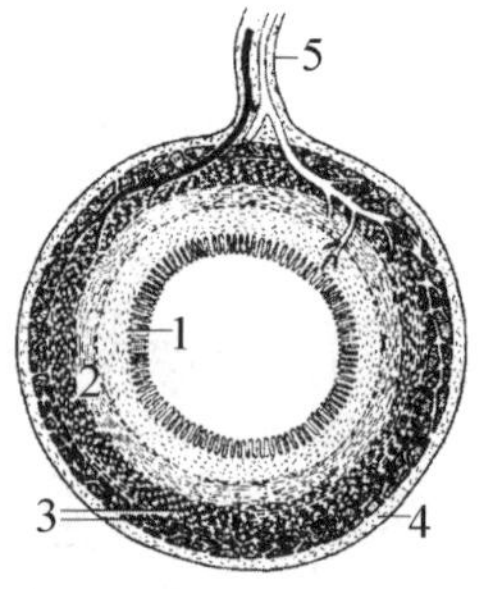

1.黏膜 2.黏膜下层 3.肌层 4.浆膜 5.肠系膜

图4-1 管状器官模式图(肠管的横断面)

1.黏膜

黏膜构成管壁的内层，呈粉红色，柔软而湿润，富有伸展性，空虚状态时常形成皱褶。黏膜可分为以下3层：

(1)黏膜上皮 由不同的上皮细胞构成，位于管壁表层的游离面，在不同部位具有不同功能，如保护、吸收或分泌等。

(2)固有膜 又称固有层，由疏松结缔组织构成，其中含有血管、淋巴管和神经等，具有支持和固定黏膜上皮的作用。在有些管状器官(如小肠)的固有膜内，还有淋巴组织、淋巴小结和腺体等。

(3)黏膜肌层 由薄层平滑肌构成，位于固有膜和黏膜下层之间。其收缩活动可促进黏膜的血液循环、上皮的吸收和腺体分泌物的排出。

黏膜内有各种壁内腺，深入固有层和黏膜下层。有的腺体延伸出壁外，形成壁外腺，如肝脏等。

2.黏膜下层

黏膜下层由疏松结缔组织构成，有连接黏膜和肌层的作用。在有些器官如胃、膀胱等处，黏膜下层特别发达，从而使这些器官富有伸展性。黏膜下层内含有较多的血管、淋巴管和神经丛。有些器官的黏膜下层内含有腺体，如食管腺和十二指肠腺等。

3.肌层

肌层由平滑肌构成，根据肌纤维排列方向可分为内环行肌和外纵行肌2层，在两层之间有少许结缔组织和神经丛。2层肌纤维按不同规律收缩时，可使内容物产生不同的运动形式。在器官的入口和出口处，环行肌增厚形成括约肌，起开闭作用。

4.外膜

外膜为管壁的最外层的结缔组织膜，位于体腔内的管状器官的外膜表面覆盖1层由单层扁平上皮构成的间皮，称为浆膜。浆膜能分泌浆液，具有润滑作用，可减少器官运动时的摩擦。

(二)实质性器官

实质性器官没有较大的空腔，如肝、肺、胰、肾、睾丸、卵巢等。实质器官可分为实质和间质2部分。实质是实现器官功能的主要部分。分布于实质的结缔组织称为间质，起支持作用。在实质性器官的表面常有一凹陷，是血管、神经、淋巴管、导管等出入实质性器官的部位，此处称为该器官的门，如肾门、肝门、肺门等。

二、体腔与浆膜腔

体腔包括胸腔、腹腔和骨盆腔。

(一)胸腔

胸腔由胸廓的骨骼、肌肉和皮肤构成，呈截顶的圆锥形。锥顶向前，称为胸腔前口；锥底向后，称为胸腔后口。由膈将其与腹腔分隔开。胸腔内有心脏、肺、气管、食管、大血管及淋巴管等器官。

(二)腹腔

腹腔是体内最大的体腔，位于胸腔之后。前壁为膈，作为胸腔和腹腔之间的分界，由于膈向前凸向胸腔，所以腹腔的容积实际上远比从体表所看到的大；后端与骨盆腔相通。腹腔容纳胃、肠、肝、胰等大部分消化器官，以及输尿管、卵巢、输卵管、子宫(前部)和大血管等。

(三)骨盆腔

骨盆腔位于骨盆内，是腹腔向后的延续，由背侧壁的荐椎和前3～4个尾椎、两侧髂骨和荐结节阔韧带、腹侧的耻骨和坐骨围成。骨盆腔内有直肠、输尿管、膀胱。母畜还有子宫(后部)、阴道；公畜有输精管、尿生殖道和副性腺等。

(四)浆膜与浆膜腔

衬在体腔壁和折转包于内脏器官表面的薄膜，称浆膜。浆膜贴于体腔壁表面的部分为浆膜壁层，壁层从腔壁移行折转而覆盖于内脏器官表面，称为浆膜脏层。浆膜壁层和脏层之间的间隙叫做浆膜腔，腔内有浆膜分泌的少量浆液，起润滑作用，可以减小内脏器官运动时浆膜壁层和脏层之间的摩擦。

衬贴在胸腔的浆膜称胸膜，胸膜壁层和脏层之间形成的腔隙，称为胸膜腔；衬贴于腹腔和骨盆腔内的浆膜称腹膜，腹膜壁层和脏层之间的腔隙，称为腹膜腔。腹膜还有很强的吸收作用，在治疗疾病时，可将药物注射到腹膜腔内，即所说的腹腔注射。

三、腹腔的划分

由于腹腔较大，为了便于确定各内脏器官的位置，可将腹腔用几个假想面划分为 10 个部分。首先通过两侧最后肋骨后缘的最突出点和髋结节前端分别作 2 个横断面，可将腹腔分为腹前部、腹中部和腹后部 3 部分(图 4-2)。

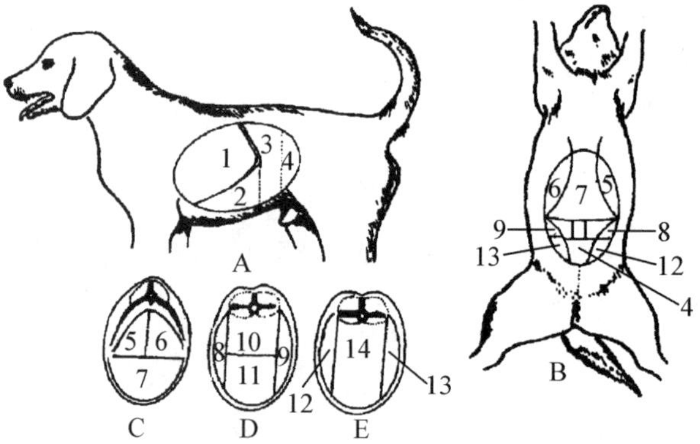

A. 侧面　B. 腹面　C. 腹前部横断面　D. 腹中部横断面　E. 腹后部横断面
1，2. 腹前部(季肋部和剑状软骨部)　3. 腹中部　4. 腹后部　5. 左季肋部　6. 右季肋部
7. 剑状软骨部　8. 左髂部　9. 右髂部　10. 腰下部　11. 脐部
12. 左腹股沟部　13. 右腹股沟部　14. 耻骨部

图 4-2　腹腔各部的划分

腹前部又分为 3 部。在肋弓以下为剑状软骨部；肋弓以上为季肋部；季肋部以正中矢状面再分为左、右季肋部。

在腹中部通过两侧腰椎横突末端分别做 2 个侧矢状面，可将其分为左、右髂部和中间部。中间部的背侧为腰部，腹侧为脐部。

腹后部最小，以腹中部的两侧矢状面向后延伸将腹后部分成左、右腹股沟部和中间的耻骨部。

第二节　消化系统构造

消化系统构造以猫为例，如图 4-3 所示。

一、口腔

口腔是消化管的起始部，具有采食、吸吮、咀嚼、尝味、吞咽、泌涎和攻击等功能。

口腔的前壁为唇,侧壁为颊,后壁为软腭,底部为舌所占据。前端经口裂与外界相通,后端与咽相通(图 4-4)。

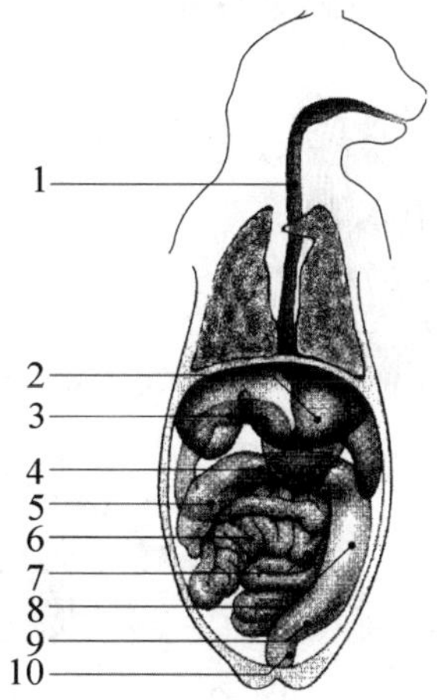

1.食道 2.肝脏 3.胆囊 4.十二指肠 5.胃 6.横行结肠 7.上行结肠 8.回肠 9.空肠 10.下行结肠

图 4-3 猫的消化系统

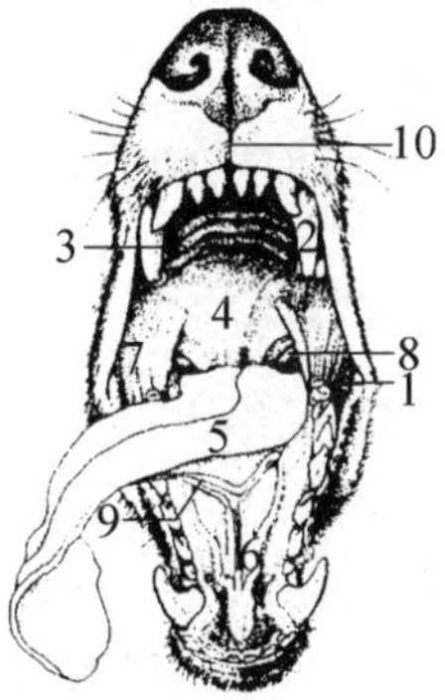

1.口腔前庭 2.犬齿 3.硬腭 4.软腭 5.舌 6.舌下肉阜 7.腭舌弓 8.腭扁桃体 9.舌系带 10.上唇沟

图 4-4 犬的口腔

口腔内面衬有黏膜,呈粉红色,黑色犬种常有色素沉着。健康犬的口腔黏膜保持一定的色彩和湿度。口腔黏膜是临床检查的重要内容。

(一)唇

唇分为上唇和下唇,其游离缘共同围成较大口裂,左右两侧汇合成口角。在上唇形成正中沟(上唇沟),将上唇分成左右两半。在唇上有唇腺,其分泌的液体,可使唇表面湿润。猫的上唇内侧中线处有 1 条系带连接上颌,下唇中线处也有 1 条系带连接下颌。

(二)颊

颊构成口腔的两侧壁,黏膜上有角质化圆锥形的颊乳头,尖端向后。在左右两侧,与上颌第 4 臼齿相对处的口腔黏膜上有一乳头,为腮腺管的开口处。猫的颊部薄而小,颊腔窄小。

(三)硬腭

硬腭是位于口腔顶壁上的一层厚而坚实的黏膜,向后延续为软腭。在硬腭正中有1条纵行的腭缝，两侧横行的皱褶称为腭褶。每个腭褶游离缘均有角质化乳头，呈锯齿状。在切齿后方有一明显的突起，称为切齿乳头，在乳头两旁的深沟中有切齿管开口，管的另一端向后上开口于鼻腔底壁。腭腺多分布于切齿乳头附近和硬腭后部。

（四）软腭

软腭是硬腭向后的延续，构成口腔的后壁。

（五）舌

舌占据口腔的绝大部分，主要由骨骼肌构成，表面覆以黏膜，以肌肉附着于下颌骨和舌骨(图4-5)。

舌可分为舌尖、舌体和舌根。在舌尖和舌体交界的腹侧，有1条与口腔底相连的黏膜褶，称为舌系带。舌系带两侧各有突起，称为舌下肉阜，是颌下腺的开口处。

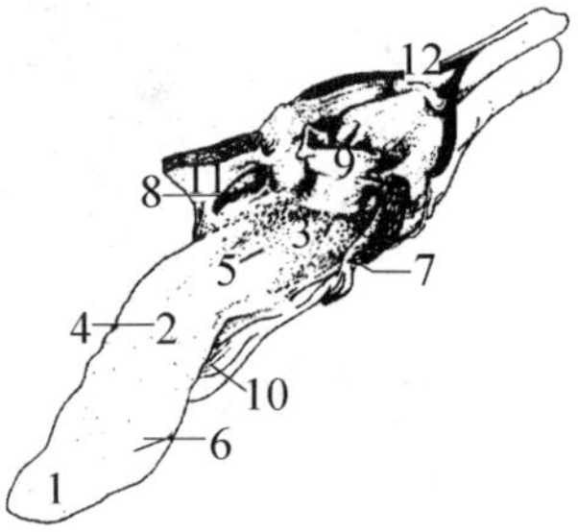

1.舌尖 2.舌体 3.舌根 4.舌正中沟 5.轮廓头 6.菌状乳头 7.舌腭弓 8.扁桃体窝内的腭扁桃体 9.会厌 10.舌系带 11.软腭 12.食管

图4-5 犬的舌(软腭和食管被正中切开)

舌表面被覆黏膜，表面形成许多形态和大小不同的舌乳头。犬的舌乳头有5种，在舌的背面主要为丝状乳头，也有尖端向后的锥状乳头，这2种乳头仅起机械作用，无味蕾。菌状乳头分散于舌背面及侧面；叶状乳头在腭舌弓附近舌外侧缘的浅沟上；轮廓乳头有4～6个，位于舌体与根连接处的背面。猫的舌背面有丝状乳头呈牙齿状，尖端向后；菌状乳头分布于舌的两侧和后部，在舌的边缘有1行特别大的菌状乳头；轮廓乳头分布于舌根，每行2～3个。

在舌根背侧的黏膜内含有大量淋巴组织，构成舌扁桃体。

舌可参与采食、吸吮、协助咀嚼和吞咽、发声、感受味觉，并有协助调节体温的作用。

（六）齿

齿是体内最坚硬的器官，嵌于上、下颌骨和切齿骨的齿槽内，呈弓形排列，分别称为上齿弓和下齿弓。上齿弓较下齿弓宽。齿具有切断和咀嚼食物以及攻击作用。

1. 齿式

齿按形态、位置和机能可分为切齿(I)、犬齿(C)和臼齿3种。切齿小，齿尖锋利，每侧由内向外分别叫门齿、中间齿和隅齿。犬齿特别发达，呈弯曲状的侧扁状，嵌于切齿骨和上颌骨共同构成的上犬齿齿槽和下颌骨的下切齿齿槽内，上犬齿大于下犬齿；臼齿位于齿弓的后部，嵌于臼齿齿槽内，与颊相对，故又称颊齿。可分为前臼齿(P)和后臼齿(M)(图 4-6 至图 4-8)。齿在出生后逐个长出，除后臼齿外，其余齿到一定年龄时按一定顺序更换 1 次。更换前的齿为乳齿，更换后的齿为永久齿或恒齿。乳齿一般较小，颜色较白，磨损较快。

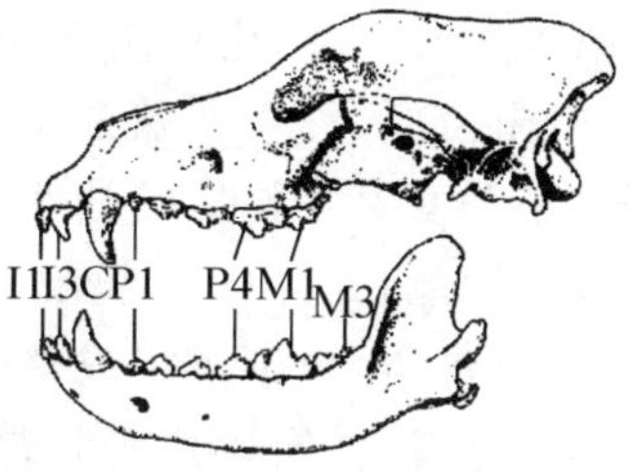

I. 切齿 C. 犬齿 P. 前臼齿 M. 后臼齿

图 4-6 犬的恒齿列的外侧观

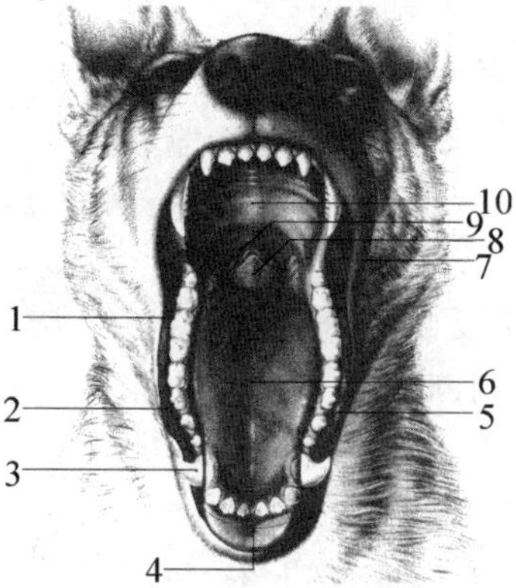

1. 后臼齿 2. 前臼齿 3. 犬齿 4. 切齿
5. 牙龈 6. 舌 7. 颊黏膜 8. 腭
9. 软腭 10. 硬腭

图 4-7 犬的口腔内构造

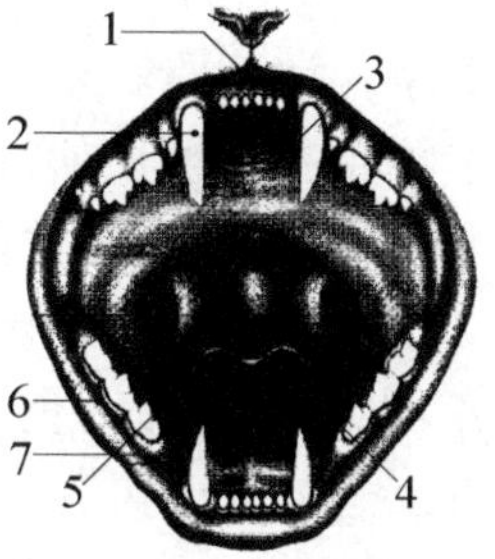

1. 切齿 2. 犬齿 3. 硬腭 4. 软腭
5. 舌 6. 臼齿 7. 牙龈

图 4-8 猫的口腔内构造

根据上、下齿弓每半侧各种齿的数目，可列出计算齿数的齿式，即：

$$\text{犬的恒齿式：}2\left(\frac{3142}{3143}\right)=42$$

$$\text{犬的乳齿式：}2\left(\frac{3130}{3130}\right)=28$$

$$\text{猫的恒齿式：}2\left(\frac{3131}{3121}\right)=30$$

$$\text{猫的乳齿式：}2\left(\frac{3120}{3130}\right)=26$$

2. 齿的形态与构造

每个齿可分为齿冠、齿颈和齿根 3 部分。齿冠为露出齿龈表面的部分；齿颈略细，被齿龈所覆盖；齿根为埋于齿槽部分。

齿由齿质、釉质和黏合质构成。齿质是组成齿的主体，略呈黄色，主要成分为钙盐；釉质在齿质的外面，包于齿冠，为体内最坚硬的组织，呈乳白色；黏合质又称齿骨质，包于齿根或整个齿的外面。齿内有齿腔，腔内有齿髓，富含血管和神经，与齿的新陈代谢有关。齿髓与齿质交接处含成牙质细胞，有生长和营养齿质的作用(图 4-9)。

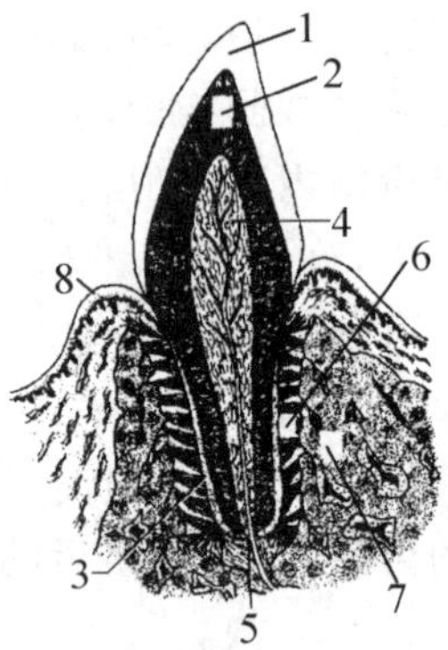

1.釉质 2.齿质 3.黏合质 4.齿髓 5.齿根尖孔 6.齿根膜 7.齿槽 8.齿龈

图 4-9 齿的断面模式图

食物的残渣及钙盐可沉积在齿的表面，如不及时清理，可形成坚硬的牙石，刺激齿龈引起口腔疾病，故应为宠物提供定期的牙齿护理及清洁。清理时应使用宠物专用的牙刷和牙膏，于牙齿上旋转打细圈，之后上下刷，把牙缝中的牙石擦去，重复这些步骤直至牙齿表面干净。每星期刷牙 2 次，才有洁净的功效。

犬的年龄在齿的生长、磨损、锐钝等方面变化反映较为明显，故可以从齿的数量、力量大小、新旧、亮度等方面判断犬的年龄。判断犬的年龄大小粗略依据以下标准：出生后 20 d 左右齿逐渐参差不齐地长出；30～40 d，乳门齿长齐；2 个月，乳齿全部长齐，尖细而呈嫩白色；2～4 个月，更换第 1 乳门齿；5～6 个月，更换第 2、第 3 乳门齿及全部乳犬齿；8 个月以上，牙齿全部换为恒齿；1 岁，恒齿长齐，光洁、牢固，门齿上部有尖突；1.5 岁，下颌第 1 门齿尖峰磨灭；2.5 岁，下颌第 2 门齿尖峰磨灭；3.5 岁，上颌第 1 门齿尖峰磨灭；4.5 岁，上颌第 2 门齿尖峰磨灭；5 岁，下颌第 3 门齿尖峰轻微磨损，同时下颌第 1、第 2 门齿磨呈矩形；6 岁，下颌第 3 门齿尖峰磨灭，犬齿钝圆；7 岁，下颌第 1 门齿磨损至齿根部，磨损面呈纵椭圆形；8 岁，下颌第 1 门齿磨损向前方倾斜；10 岁，下颌第 2 及上颌第 1 门齿磨损面呈纵椭圆形；16 岁，门齿脱落，犬齿不全。

(七)唾液腺

唾液腺是指能分泌唾液的腺体，分大、小 2 类。小唾液腺包括唇腺、颊腺、腭腺和舌腺等；大唾液腺有腮腺、下颌腺和舌下腺。唾液具有润湿食物，便于咀嚼、吞咽、清洁口腔和参与消化等作用。

(1)腮腺　犬的腮腺小，近似三角形，比较薄，呈淡红褐色。位于耳的下方，下颌骨后缘，腹侧为颌下腺，腮腺管走向腮腺的前下方，并经过咬肌的表面，开口于上颌第 4 前臼齿相对的颊黏膜上。猫的腮腺位于耳根腹侧，呈扁平状，边缘不规则，导管开口于最后前臼齿相对的颊腔的黏膜上，开口处呈白色脊状。

(2)下颌腺　犬的下颌腺为淡黄色，呈卵圆形，位于腮腺下部的深侧。从下颌腺发出1条颌下腺管，向前延伸至舌系带附近，开口于舌下肉阜。猫的下颌腺位于腮腺的腹侧，近似肾形，分叶不明显。导管也开口于舌下肉阜。

(3)舌下腺　舌下腺位于舌体和下颌骨之间的黏膜下，腺体分散，腺管较多，分别开口于口腔底部的黏膜上。

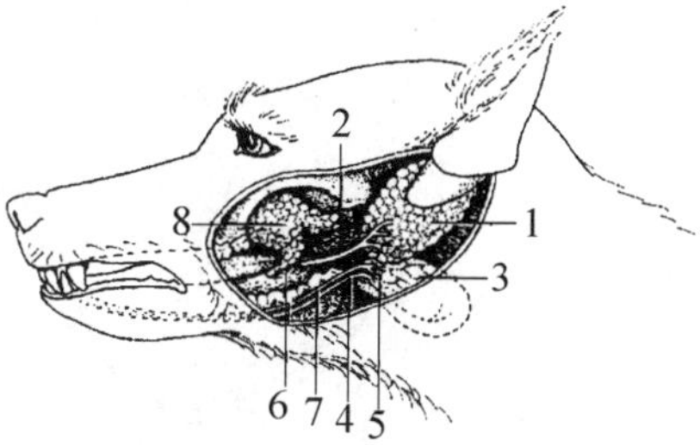

1. 腮腺　2. 腮腺管　3. 下颌腺　4. 下颌腺管
5. 舌下腺的后部　6. 舌下腺的前部
7. 单孔舌下腺　8. 颧骨腺

图 4-10　犬的唾液腺

二、咽

咽位于口腔和鼻腔的后方，喉和气管的前上方，为前宽后窄的漏斗形的肌性管道，其内腔称咽腔。咽有7个孔与周围邻近的器官相通：前上方经2个鼻后孔通鼻腔；前下方经咽峡通口腔；后背侧经食管口通食管；后腹侧经喉口通气管；两侧壁上各有一咽鼓管口通中耳。在咽和软腭的黏膜内分布有淋巴组织，由淋巴细胞和网状组织构成。大量淋巴组织构成淋巴器官，称扁桃体。

咽是消化道和呼吸道的共同通道。呼吸时，空气通过鼻腔、咽、喉和气管，进出肺脏。而吞咽时，软腭上提关闭鼻后孔，而会厌翻转盖住喉口，停止呼吸。此时，食团经咽进入食管。

三、食管

食管是输送食物入胃的一条肌性管道，连接咽和胃之间。食管可分为颈、胸、腹3段，颈段位于颈前1/3处的气管背侧，沿颈中部至胸腔前口处偏至气管左侧；胸段位于胸腔纵隔内，此段又转至气管背侧继续向后伸延，穿过膈的食管裂孔进入腹腔；腹段很短，以贲门连接于胃。

食管为管状器官，其管壁结构由黏膜、黏膜下层、肌层和外膜或浆膜构成。黏膜上皮为复层扁平上皮，黏膜内富有黏液腺，起润滑作用，不具有消化功能。黏膜下组织发达。肌层发达，可参与吞咽、呕吐，其构成主要为横纹肌，仅在贲门处为平滑肌。外膜在颈段为疏松结缔组织，在胸、腹段为浆膜。

四、胃

胃位于腹腔内，是消化管在膈后方的膨大部，具有贮存食物、进行初步消化和推送食物进入十二指肠等作用(图 4-11)。

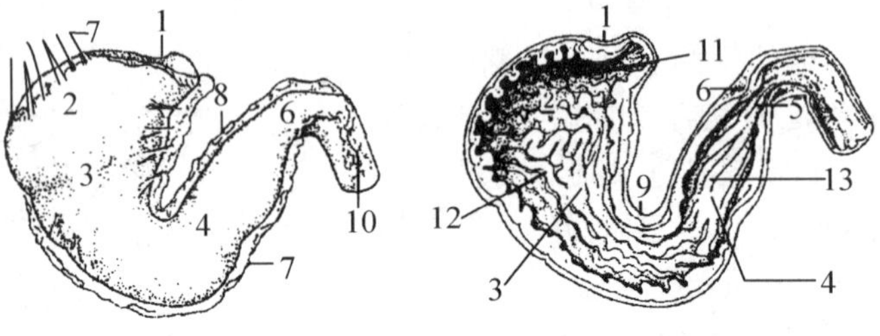

A. 表面　　　　B. 内面

1. 贲门　2. 胃底　3. 胃体　4. 幽门窦　5. 幽门管　6. 幽门　7. 胃脾韧带　8. 小网膜　9. 角切迹　10. 大、小网膜的结合部　11. 贲门腺区　12. 胃底腺区　13. 幽门腺区

图 4-11　犬的胃(尾侧观)

(一)胃的形态和位置

犬的胃属单室胃,在胃内充满食物时呈梨状囊。犬的胃容量小,但具有很强的扩张能力以容纳食物,其容积可在 0.5～6 L 之间变动。胃的前端以贲门与食管相接,后端以幽门与十二指肠相连。贲门较宽大,因此犬易呕吐。从贲门到幽门,沿 2 个面相移行处形成 2 个缘:凸缘为胃大弯,其上附有大网膜,大网膜的一部分以胃脾韧带连接胃和脾脏;凹缘为胃小弯,以小网膜连接肝脏。在小弯的急转处为角切迹。从角切迹到贲门为胃体;贲门以上的膨大部分的为胃底,位于肝脏的背侧,并向贲门的左侧突出;贲门周围为贲门部;从角切迹到幽门为幽门部。

胃的位置比较固定,其左端膨大,位于左季肋部,最高点可达第 11～12 肋骨椎骨端,幽门部在右季肋部,在胃内充满食物时,可从腹腔底壁触摸胃大弯。前面为壁面,主要与肝脏相贴;后面为脏面与肠、左肾脏、胰腺和大网膜等相邻。

猫的胃呈梨形囊状,位于腹腔前部,几乎全部在体中线左侧。胃宽阔的一端位于左背侧,此处有贲门与食管相通;胃的另一端较窄,有幽门通十二指肠。

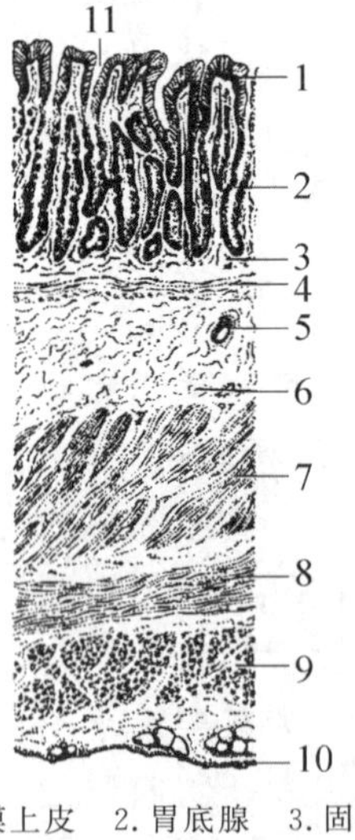

1. 黏膜上皮　2. 胃底腺　3. 固有层　4. 黏膜肌层　5. 血管　6. 黏膜下层　7. 内斜行肌层　8. 中环行肌层　9. 外纵行肌层　10. 浆膜　11. 胃小凹

图 4-12　胃的组织结构(低倍)

(二)胃壁的结构

胃壁由黏膜、黏膜下层、肌层和浆膜构成(图 4-12)。

（1）黏膜　可分为黏膜上皮、固有层和黏膜肌层。黏膜上皮为单层柱状上皮，表面有许多由上皮下陷形成的小窝，称胃小凹，为胃腺的开口处。根据构造和功能不同，可将腺体分为3种，即胃底腺、贲门腺和幽门腺，其中贲门腺和幽门腺分泌单纯的黏液，对胃黏膜起保护作用，而胃底腺分泌消化酶和胃酸，起消化作用。贲门腺区较小，颜色为淡黄色；胃底腺区黏膜较厚，呈红褐色，占全胃黏膜面积的2/3；幽门腺区黏膜较薄，色苍白。

（2）黏膜下层　黏膜下层较薄，由疏松结缔组织构成，内含较大的血管、淋巴管网和黏膜下神经丛。

（3）肌层　胃壁的平滑肌形成不完整的3层，最外层为纵行肌层，是食管外纵肌层的延续；中层为环行肌，在贲门处形成不发达的贲门括约肌，在幽门管处形成幽门括约肌；最内层为斜行肌，主要分布于贲门和胃小弯处。

（4）浆膜　胃的表层除胃膈韧带和在大、小弯处分别与大、小网膜相连外，均为浆膜覆盖。

（三）胃腺

1. 胃底腺

胃底腺为胃的主要腺体，分布于胃底部，组成胃底腺的细胞有主细胞、壁细胞和颈黏液细胞。

（1）主细胞　又称胃酶原细胞，数量较多。细胞呈低柱状，可合成胃蛋白酶原，分泌后在盐酸的作用下被激活成胃蛋白酶，分解胃内蛋白质为胨和多肽。幼畜的主细胞还分泌凝乳酶，使乳汁凝固，利于分解。

（2）壁细胞　又称盐酸细胞。细胞体积较大，圆形，可分泌盐酸。

（3）颈黏液细胞　细胞呈柱状或不规则形，可分泌黏液。

2. 贲门腺

贲门腺分布于贲门腺区，可分泌黏液。

3. 幽门腺

幽门腺分布于幽门腺区，也分泌黏液。

（四）大网膜和小网膜

（1）大网膜　大网膜很发达，由浅层和深层构成扁平囊状，介于肠和腹腔底之间。因此，一般开腹时，仅能看到肝脏、脾脏和部分膀胱。浅层起于胃大弯，沿腹底壁延伸至膀胱，然后向背侧旋转变成深层。深层起于食管裂孔至左膈脚之间，并向胰腺左叶的背侧延伸，右侧延伸至网膜孔。浅层和深层分别在胃大弯的左侧和十二指肠的周围接合。大网膜上含有大量的脂肪，肥胖的犬几乎连成一层。

(2)小网膜　小网膜连接胃小弯和肝脏之间，向右侧与十二指肠系膜相连。

五、小肠、肝和胰

(一)小肠

1.小肠的形态构造和位置

小肠前端起于胃的幽门，后端止于盲肠，可分为十二指肠、空肠和回肠3部分(图4-13)。

(1)十二指肠　犬的十二指肠的长平均仅有25 cm，以短的十二指肠系膜连于腹腔的背侧壁，位置比较固定。猫的十二指肠呈C形，全长14～16 cm。在离幽门2～3 cm的十二指肠黏膜上具有十二指肠乳头，它是胆管和胰管的开口处。在离十二指肠乳头的不远处有副胰管的开口部。

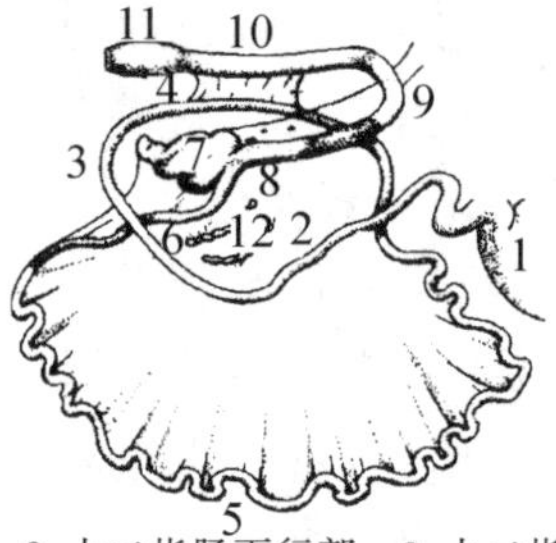

1.胃　2.十二指肠下行部　3.十二指肠后曲　4.十二指肠上行部　5.空肠　6.回肠　7.盲肠　8.升结肠　9.横行结肠　10.降结肠　11.直肠膨大部　12.空肠淋巴结

图4-13　犬的肠管模式图

(2)空肠　空肠形成许多肠袢，以长的肠系膜固定于腰下，大部分位于腹腔底部。由于肠系膜比较长，因此，空肠可随呼吸及其他活动而发生位置变化，在外科手术时，可将空肠短时间内牵引至体外。

(3)回肠　回肠为小肠的最后一段，由腹腔的左后部伸向右前方，开口于盲肠和结肠的交接处。

2.小肠的组织构造

小肠壁由黏膜、黏膜下层、肌层和浆膜构成(图4-14)。

(1)黏膜　也分为黏膜上皮、固有层和黏膜肌层。黏膜上皮为单层柱状上皮，其间夹有杯状细胞。可分泌黏液，起保护和润滑作用。固有层由富含网状纤维的结缔组织构成，内含丰富的血管、淋巴管、神经、平滑肌纤维及弥散的淋巴组织和淋巴小结。在固有层内还分布有小肠腺，小肠腺开口于肠绒毛基部之间。黏膜肌层由平滑肌构成，收缩时可促进肠腺的分泌和小肠黏膜的吸收。

小肠绒毛：由小肠黏膜上皮和固有层共同伸入肠腔而构成的指状突起，其中轴为固有层的结缔组织。猫的小肠绒毛细长，有分叉；犬的顶端膨大呈棒状。在绒毛的结缔组织中含丰富的毛细血管网及纵行的平滑肌纤维，肌纤维的收缩使绒毛运动，有助于血液运行和营养吸收。在绒毛中央贯穿着1条粗大的毛细淋巴管，称中央乳糜管，它以盲端起始于绒毛顶部，穿过黏膜肌汇入黏膜下层的淋巴管，其管壁内皮间有较大的间隙，无基膜，通透性很大，一些大分子物质和乳糜微粒易于进入管内。

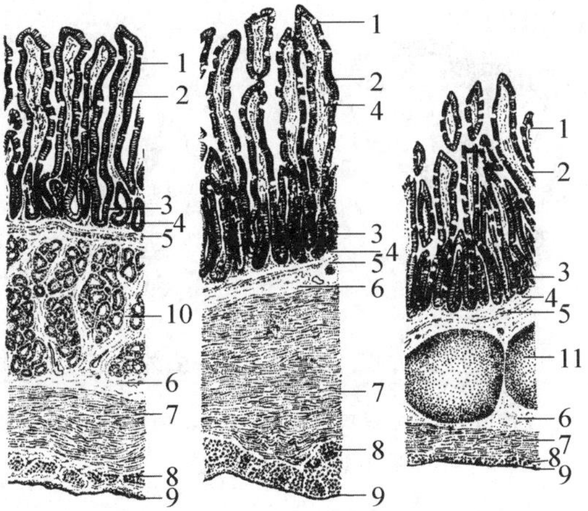

A.十二指肠 B.空肠 C.回肠

1.黏膜上皮 2.肠绒毛 3.肠腺 4.固有层 5.黏膜肌层 6.黏膜下层 7.内环行肌 8.外纵行肌 9.浆膜 10.十二指肠腺(十二指肠) 11.集合淋巴小结(回肠)

图 4-14 小肠横切(低倍)

(2)黏膜下层 由疏松结缔组织构成。在十二指肠段内含腺体,称十二指肠腺。十二指肠腺开口于肠腺底部或绒毛之间的黏膜表面,分泌碱性黏液,保护肠黏膜免受酸性胃液的侵蚀。

(3)肌层 肌层由较厚的内环和较薄的外纵 2 层平滑肌组成,2 层间有肌间神经丛。

(4)浆膜 被覆肠管表面并延伸形成系膜等。

(二)肝

1.肝的形态构造和位置

肝是体内最大的腺体,具有分解、合成、贮存营养和解毒以及分泌胆汁等作用,在胎儿时期也是造血器官。

犬的肝脏发达,占体重的 3%～5%,略呈四边形,质地实而脆。正常的肝脏呈红褐色。以腹侧的切迹分成 6 叶,即左外叶、左内叶、右内叶和右外叶,在肝门的下方,胆囊与肝圆韧带之间有方叶,在肝门上方有尾叶(图 4-15)。

肝位于季肋部,偏于右侧。可分为 2 个面、2 个缘。2 个面指肝脏的壁面和脏面,壁面平滑而向前隆凸,与膈相贴;脏面与胃、肠、右肾等相邻。2 个缘指肝脏的背侧缘和腹侧缘,在肝的背侧缘有后腔静脉穿行并部分埋于肝的实质内,有许多肝静脉直接进汇入后腔静脉。肝门位于脏面的中部,门静脉、肝动脉、淋巴管、神经以

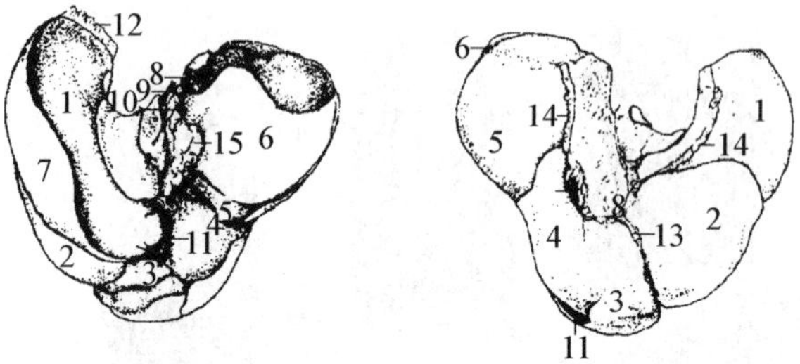

A. 脏面　　　　B. 膈面

1. 左外叶　2. 左内叶　3. 方叶　4. 右内叶　5. 右外叶　6. 尾叶的尾状突　7. 尾叶的乳头突　8. 后腔静脉　9. 门静脉　10. 肝静脉　11. 胆囊　12. 左三角韧带　13. 镰状韧带　14. 冠状韧带　15. 小网膜

图 4-15　犬的肝脏

及肝管由此进出肝的实质。

肝脏借浆膜形成的三角韧带、冠状韧带、圆韧带、镰刀韧带固定于腹腔内。胆囊位于方叶与右内叶之间的胆囊窝内，肝管出肝门与胆囊管汇合成胆总管，开口于距幽门 2～3 cm 的十二指肠乳头上。胆囊具有贮藏胆汁和浓缩胆汁的作用。

猫的肝脏可分为 5 叶，即左外叶、左内叶、右外叶、右内叶和尾叶，其中以右内叶最大，胆囊位于该叶，故此叶又称为胆囊叶。胆囊呈梨形，胆囊管弯曲，与肝管汇合成胆总管，也开口于十二指肠乳头。

2. 肝的组织结构

肝的表面包有一层致密的结缔组织膜，这些结缔组织深入肝内，将实质分成许多肝小叶。

(1)肝小叶　肝小叶为肝的基本结构单位，为不规则的多面棱柱体(图 4-16)。沿其长轴贯穿着 1 条中央静脉，肝细胞以中央静脉为中轴，单行排列成放射状的肝细胞板，在切面上肝板呈条索状，故又称肝细胞索。肝板分支且互相连接成网状。肝板之间为肝血窦，也称窦状隙，窦壁由内皮细胞和枯否氏细胞组成。内皮细胞扁平而薄，细胞间有间隙，细胞上有许多孔，故窦壁的通透性很大，有利于肝细胞和血液之间的物质交换。枯否氏细胞胞体大，形态不规则，有活跃的吞噬能力，能吞噬和清除血窦内的细菌、异物、肿瘤细胞(如肝癌细胞)和衰老的红细胞等，属单核巨噬细胞系统。

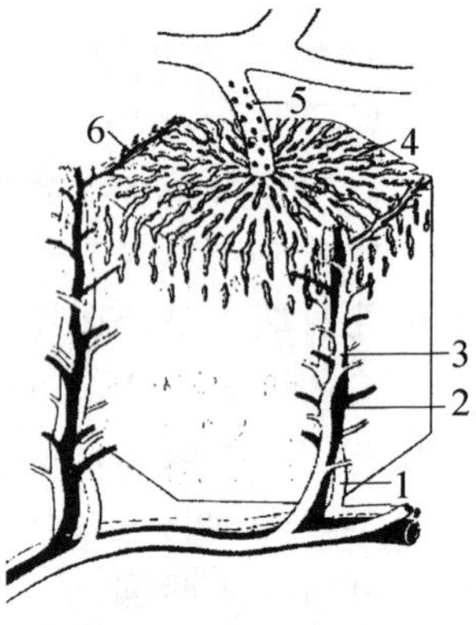

1. 小叶间动脉　2. 小叶向静脉　3. 小叶间胆管　4. 肝血窦　5. 中央静脉　6. 终末支

图 4-16　肝小叶模式图

肝细胞分泌的胆汁排入胆小管。胆小管是由相邻的肝细胞部分胞膜凹陷形成的微细管道。当肝细胞发生变性、坏死或胆道阻塞时，胆小管的正常结构被破坏，胆汁外溢进入血窦，则出现黄疸。

(2)门管区　由肝门进出的门静脉、肝动脉和肝管，在肝内反复分支，伴行于小叶间结缔组织中，分别称为小叶间静脉、小叶间动脉和小叶间胆管。在肝的切片上，相邻几个肝小叶的结缔组织中，可见到这3种管道同时存在，此区即称为门管区或汇管区。

(三)胰

胰为重要的消化器官，也是重要的内分泌器官，具有外分泌部和内分泌部。外分泌部占腺体的大部分，属于消化腺，其分泌的胰液含多种胰酶，可分解蛋白质、碳水化合物和脂肪等。胰液由胰管排入十二指肠。内分泌部是散在于外分泌部腺小叶之间的细胞团块，即胰岛。胰岛可分泌胰岛素和胰高血糖素等，可调节糖代谢。

犬的胰呈粉红色、窄长而弯曲的带状，可分为体部和左、右两叶，两叶呈V形，沿胃和十二指肠分布(图4-17)。排泄管有2条，一条为胰管，与胆总管一起开口于十二指肠乳头；而另一条为副胰管，排泄管开口于胰管开口处的稍后方。

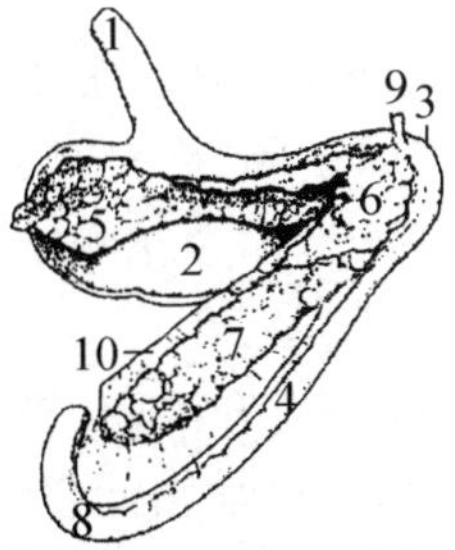

1.食管　2.胃　3.十二指肠前曲　4.十二指肠下行部　5.胰腺左叶　6.胰腺体部　7.胰腺右叶　8.十二指肠后曲　9.总胆管　10.十二指肠系膜

图4-17　犬的胰腺(尾侧观)

猫的胰脏位于十二指肠弯曲部分，腺体扁平，边缘不规则，中部弯曲，几乎成直角。胰脏分为两部，即胃部和十二指肠部。胰脏也有胰管和副胰管，但副胰管有时缺如。

六、大肠和肛门

(一)大肠

1. 大肠的形态和位置

犬的大肠比小肠短,长 60～75 cm,管径较细,几乎与小肠近似,无肠带和肠袋。大肠分为盲肠、结肠和直肠。猫的大肠长度约为体长的 1/2。

(1)盲肠　犬的盲肠小而呈螺旋状。起于回肠和结肠的结合部(图 4-18),终止于盲端。盲肠位于体中线与右髂部之间,盲端尖向后,以系膜与回肠相连。以回肠与结肠相连结处附近的环状肌纤维环围成的开口部(盲肠括约肌)开口于结肠内。猫的盲肠呈圆锥形突起,长度约 2 cm。

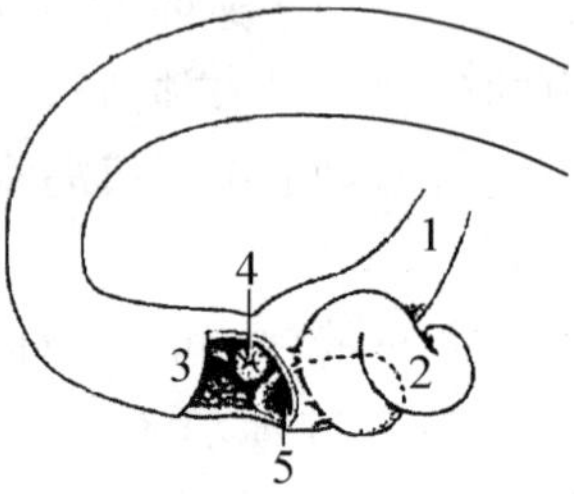

1. 回肠　2. 盲肠　3. 升结肠　4. 回盲口　5. 盲结口

图 4-18　犬的回肠、结肠与盲肠的结合部

(2)结肠　结肠表面平滑,自回盲口起始,沿十二指肠内侧前行,称为右侧结肠(升结肠),至胃的幽门部和其后部的小肠袢与前肠系膜动脉之间弯向左侧,称为横结肠;再弯向后方,沿左肾腹内侧后行,称为左侧结肠(降结肠),于骨盆前口移行为直肠。

猫的结肠可按其延伸方向也可分为升结肠、横结肠和降结肠。

(3)直肠　直肠是结肠的延续,它与结肠间没有严格的界限。位于骨盆腔内。直肠的后部有壶腹状宽大部,向后移行为肛管。

2. 大肠壁的构造

大肠壁的构造与小肠壁基本相似,也由黏膜、黏膜下层、肌层和浆膜(或外膜)构成。黏膜表面光滑,无绒毛。在固有膜内有排列整齐的大肠腺,但其分泌物中无消化酶。

(二)肛门

肛门是消化管的末端开口,在肛门内外黏膜和皮肤上,含有许多的腺体,并在直肠与肛门交接处的两侧下方有肉食动物所特有的肛门窦，窦内含有脂肪样分泌物。皮肤与黏膜之间有由平滑肌形成的肛门内括约肌和有横纹肌形成的肛门外括约肌，控制肛门的开闭（图 4-19）。

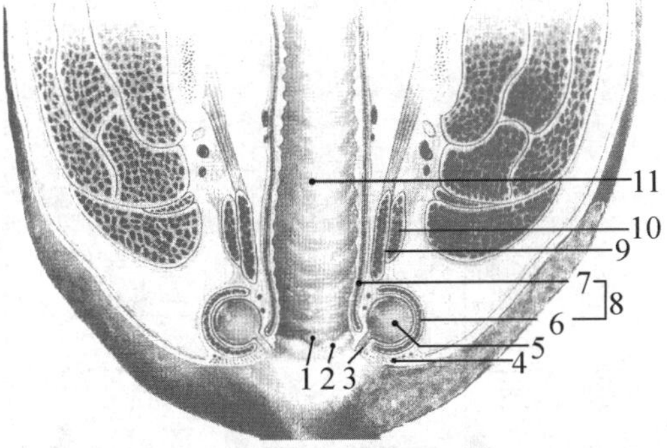

1. 肛门柱带　2. 皮肤带　3. 肛门囊导管　4. 肛周腺　5. 肛门囊　6. 肛门外括约肌
7. 肛门内括约肌　8. 肛门括约肌　9. 肛提肌　10. 尾骨肌　11. 直肠内腔

图 4-19　犬的直肠和肛门的构造

附：犬的消化特点

犬的犬齿尖锐发达，适合对食物进行撕咬并且咬合力很强，可达 165 kg，适合啃咬骨头；但犬臼齿的咀嚼面不发达，因此，犬不适合仔细咀嚼食物，而适合扑获猎物并将其撕成小块，所以犬的觅食方式是吞食，对食物的咀嚼程度较差。

犬的消化道相对较短，肠管的长度是体长的 3～5 倍（牛、羊的肠道是体长的 7～10 倍），食物在肠道内停留的时间短，食物通过整个消化道的时间是 12～14 h（牛、羊可达 5 d 左右），所以犬易有饿感。犬的消化液对食物的消化作用不彻底，影响了对营养物质的消化吸收。

消化道中没有消化纤维素的微生物，所以犬对植物性饲料的消化力弱，尤其对粗纤维饲料几乎不能消化。也正因如此，犬对维生素的合成能力远不及草食动物。所以，犬饲料中应注意补充各种维生素。

犬对蛋白质和脂肪的消化吸收能力很强，消化液中虽然淀粉酶少，但蛋白酶和脂肪酶丰富；胃液中的盐酸含量也居家畜首位，便于蛋白质膨胀变性而利于消化；肝脏功能也很强，胆汁分泌旺盛，增强对脂肪的乳化，便于脂肪的消化。

由于犬的呕吐中枢比较发达，当吃进变质的食物或毒物时，能引起强烈的呕吐，对自身产生保护性反射。

本章小结

- 消化系统
  - 内脏概述
    - 内脏的一般形态和构造
      - 管状器官
        - 黏膜
        - 黏膜下层
        - 肌层
        - 浆膜
      - 实质器官
        - 实质
        - 间质
    - 体腔与浆膜腔
      - 胸腔
      - 腹腔
      - 骨盆腔
      - 浆膜与浆膜腔
    - 腹腔的划分
  - 消化系统构造
    - 口腔：唇、颊、硬腭、软腭、舌、齿、唾液腺
    - 咽
    - 食管
    - 胃
      - 胃的形态和位置
      - 胃壁的结构
        - 黏膜
        - 黏膜下层
        - 肌层
        - 浆膜
      - 胃腺
        - 贲门腺
        - 胃底腺
        - 幽门腺
      - 网膜
    - 小肠
      - 十二指肠
      - 空肠
      - 回肠
    - 肝和胰
    - 大肠
      - 盲肠
      - 结肠
      - 直肠

技能训练

一、宠物消化器官形态、构造的识别

【目的要求】掌握犬、猫的消化器官的形态、位置及大体构造。

【材料设备】犬、猫的全身新鲜或固定标本，解剖器械。

【方法步骤】

①打开口腔，观察门齿、犬齿、前臼齿及后臼齿的形态、数量；观察舌的表面，辨认几种舌乳头及其数量与分布。

②将犬、猫尸体仰卧固定于解剖台上，用手术刀从剑状软骨沿着腹白线至耻骨切开腹壁，揭开大网膜暴露腹腔脏器。

③观察肝脏的位置、形态，观察肝的壁面和脏面，壁面隆凸，脏面有许多脏器形成的压迹。在脏面找到胆囊、肝管、胆总管、肝门。注意肝的分叶数量，辨认各叶的名称。犬的肝脏发达，略呈四边形，以腹侧的许多切迹分成6叶。猫的肝脏可分为5叶。

④观察胃的位置、形态，辨认胃大弯、胃小弯、贲门、幽门。

⑤肠与胰的观察。从幽门处找出十二指肠，沿十二指肠找出胰脏，观察胰的颜色、形态。犬的胰呈粉红色窄长而弯曲的带状，可分为体部和左、右两叶，两叶呈V形。猫的胰脏位于十二指肠弯曲部分，也分为胃部和十二指肠部。观察空肠的形态、位置，注意其长度。在右髂部找到盲肠，观察其形态、长度。回肠较短，从外观上看与空肠无明显分界。结肠较粗，沿结肠的走向辨认出升结肠、横结肠和降结肠。

【技能考核】辨认出犬、猫齿的种类、数量，写出犬、猫的恒齿式、乳齿式；掌握胃的结构；肝的位置、形态与结构；辨认出十二指肠、空肠、回肠、盲肠、结肠、直肠，并掌握小肠、大肠的形态区别。

二、胃、小肠和肝组织构造的识别

【目的要求】掌握胃、小肠和肝的组织结构特征。

【材料设备】光学显微镜、胃、空肠和肝切片。

【方法步骤】

1. 胃的组织结构观察（HE 染色）

用低倍镜观察胃壁4层结构。

(1)黏膜层　很厚,呈紫红色。

①黏膜上皮:为单层柱状上皮。在黏膜表面有许多深浅不一的凹陷即胃小凹,是胃底腺的开口。

②固有层:位于上皮深面,在固有层中分布有大量平行排列的胃底腺。由于切面不同,胃底腺被切成长管状、椭圆形和圆形等形状。注意区分几种细胞的形态。

③黏膜肌层:位于胃底腺底部深面,很薄。

(2)黏膜下层　呈淡红色,内有较大的血管。

(3)肌层　很厚,呈内斜、中环、外纵 3 层,有些部位仅见内环、外纵 2 层。

(4)浆膜　由一薄层疏松结缔组织和外表面的间皮构成。

2.小肠的组织结构观察(HE 染色)

用低倍镜先区分出肠壁的 4 层结构。

(1)黏膜　肠腔表面有许多绒毛,绒毛外有 1 层上皮,中心为固有膜,其内有毛细血管及 1 条中央乳糜管,平滑肌纤维分布在上皮下面,顺绒毛的长轴排列。

①上皮:主要是柱状的吸收细胞,细胞表面有纹状缘,柱状细胞之间夹杂一些杯状细胞。

绒毛基部有小肠腺的开口,肠腺中主要是柱状和杯状细胞。

②固有膜:有淋巴细胞、血管、淋巴管及平滑肌纤维。

③黏膜肌层:由内环行、外纵行两层平滑肌组成。

(2)黏膜下层　为疏松结缔组织,其中胶原纤维较多,并有较大的血管、淋巴管和黏膜下神经丛。

(3)肌层　有内环行、外纵行两层平滑肌,两肌层之间结缔组织内有肌间神经丛。

(4)浆膜　由疏松结缔组织与间皮组成。

3.肝的组织结构观察(HE 染色)

先用低倍镜观察,肝被膜组织向肝内将肝实质分隔成许多断面呈多边形的肝小叶,小叶内的肝细胞结合成肝细胞索,以中央静脉为中心向周围作辐射状排列,并分支相接成网状,网眼内为肝血窦。

然后换高倍镜观察:

(1)肝细胞索　由小叶中央向四周呈放射状排列,有分支。

(2)肝血窦　在肝细胞索间,形状不规则,肝血窦壁由内皮细胞和较大的固着的巨噬细胞即枯否氏细胞所组成。

(3)门管区　位于小叶间结缔组织内,由 3 种管组成:

①小叶间动脉:管壁厚,管腔小;

②小叶间静脉：管壁薄，管腔大；

③小叶间胆管：管壁是单层立方上皮。

【技能考核】

①绘出小肠在低倍镜下的组织结构图。

②绘出肝脏在高倍镜下的组织结构图，要求绘出：中央静脉、肝细胞索、门管区。

三、消化器官的体表触摸及肠蠕动音的听取

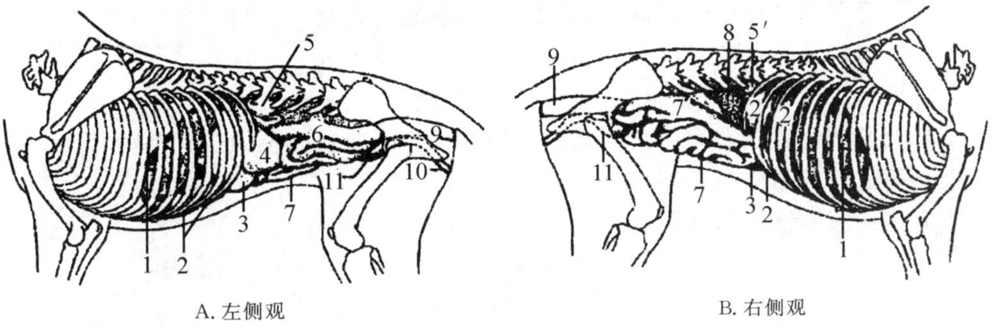

1. 膈　2. 肝　3. 胃　4. 脾　5，5′. 左肾和右肾
6. 降结肠　7. 小肠　8. 胰腺　9. 直肠　10. 雌性生殖器　11. 膀胱

犬内脏在腹壁上投影模式图

【目的要求】掌握犬的肝、胃、肠等器官在体表的投影位置及肠蠕动音听取的方法。

【材料设备】健康犬，听诊器

【方法步骤】

1. 犬的肝、胃、肠等器官在体表的触摸

将犬站立保定，然后进行以下器官的触摸。

(1)肝　大部分位于腹腔右季肋部，前端与膈相贴，后端抵达经第13胸椎的横断面，并覆盖右肾的前端。正常肝脏不突出于肋弓之后，在左肋弓后侧可摸到肝的左外叶，在右侧肋弓下方可摸到肝的右外叶和右内叶。

(2)胃　在左腹部前约1/4的部位可触摸到。

(3)肠　十二指肠位置较固定，位于右季肋部；空肠大部分位于腹腔底部，由于肠系膜比较长，位置可发生变化；回肠较短，与空肠无明显分界；盲肠短小，位于腹腔右髂部；结肠较粗大，在腹腔左侧沿左肾腹内侧向后延伸，在骨盆腔前后处移行为直肠。触摸时，遵循从前到后的方向，隔着腹壁让肠滑过指端。

2. 肠蠕动音的听取

肠蠕动音的听取部位在左右两侧髂部，健康犬的肠蠕动音呈捻发音。

【技能考核】

①由助手将犬保定，触摸犬的肝、胃、肠。

②听取犬的肠蠕动音。

复习思考题

1. 解释名词：内脏；管状器实；实质器官；腹腔和腹膜腔；消化；吸收；齿式。
2. 从口腔开始，依次说明犬、猫消化系统的顺序组成。
3. 比较胃、小肠和大肠组织结构的异同点。
4. 犬的消化系统有哪些结构与功能使其成为以肉食为主的杂食动物？
5. 简述肝的结构与功能。
6. 简述胰的结构与功能。

第五章 呼吸系统

知识目标：了解呼吸系统的组成；掌握呼吸系统各器官的形态、位置和构造。

技能目标：在标本上识别呼吸系统各器官的形态、构造；在显微镜下说明肺的组织结构；在活体上准确地指出各器官的体表投影位置。

动物有机体在新陈代谢过程中，不断从外界吸入氧气并呼出在代谢过程中产生的二氧化碳，这种气体交换过程称呼吸。呼吸活动是在呼吸系统与心血管系统的密切协作下完成的。呼吸包括外呼吸、气体运输和内呼吸 3 个过程。外呼吸也称为肺呼吸，是指气体在肺内的肺泡与毛细血管间进行气体交换的过程；气体运输是进入血液的氧气或二氧化碳与红细胞结合，被运送到全身组织细胞或肺的过程；内呼吸也称为组织呼吸，是指气体在血液与组织细胞间进行交换的过程。

呼吸系统由鼻、咽、喉、气管、支气管和肺等器官组成。其中鼻、咽、喉、气管和主支气管是气体进出肺的通道，称为呼吸道。肺由肺泡及肺内各级支气管组成，是容纳气体和进行气体交换的场所。胸膜和胸膜腔等是呼吸系统的辅助装置。

第一节 呼吸道

一、鼻

鼻既是呼吸器官，也是嗅觉器官，而且对于发声有辅助作用（图 5-1 和图 5-2）。

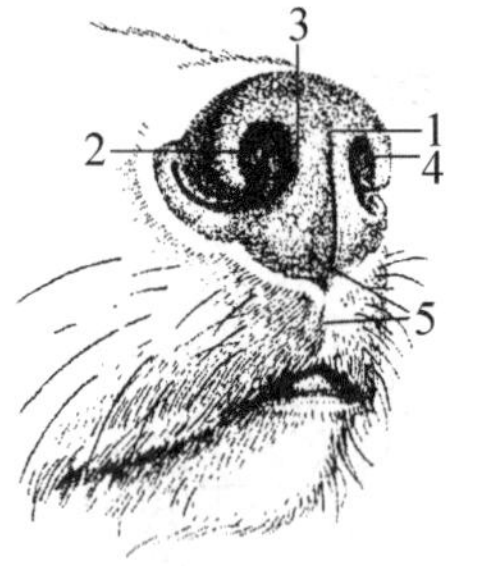

1.鼻尖 2.外侧鼻翼 3.内侧鼻翼
4.鼻孔 5.上唇沟

图 5-1 犬的外鼻

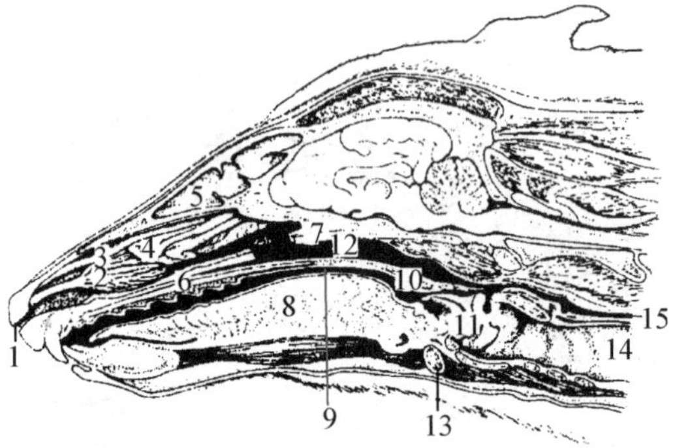

1.鼻孔 2.下鼻甲 3.上鼻甲 4.筛鼻甲 5.额窦 6.硬腭
7.犁骨(部分切除) 8.舌 9.口咽部 10.软腭 11.会厌
12.鼻咽部 13.底舌骨 14.气管 15.食管

图 5-2 犬的头部纵切面(切除鼻中隔)

(一)鼻孔

鼻孔为鼻腔的入口,是由内侧鼻翼和外侧鼻翼围成的皮肤褶。鼻翼中含有软骨,构成鼻孔的支架。在鼻的前部有由皮肤衍生而来的鼻镜,健康犬鼻镜始终保持湿润状态,它是鼻黏膜中的腺体分泌浆液所致,当机体发生发热性疾病时,会出现鼻镜干燥。呼吸系统疾病时,往往从鼻孔中流出多量浆液性或脓性鼻液。

(二)鼻前庭

鼻前庭为鼻腔前部衬有皮肤的部分,在内侧壁的深部有鼻泪管的开口。此外,鼻前庭有分泌浆液的鼻外侧腺分泌管口。

(三)固有鼻腔

固有鼻腔是鼻腔的主要部分,位于鼻前庭之后,由骨性鼻腔覆以黏膜构成。左、右侧鼻腔间有鼻中隔相隔,每侧鼻腔由上鼻甲、下鼻甲将鼻腔分为若干鼻道。上鼻道位于鼻腔顶壁与上鼻甲之间,通于嗅部;中鼻道较短,是上鼻甲与下鼻甲之间的裂隙,通鼻旁窦;下鼻道最宽,位于下鼻甲与鼻腔底壁之间,经后鼻孔通咽;在上、下鼻甲和鼻中隔之间的裂隙,称为总鼻道,它与上、中和下鼻道都相通。

鼻黏膜为衬于固有鼻腔内表面及被覆于鼻甲表面的黏膜,分为呼吸部和嗅部。呼吸部位于鼻腔中部,黏膜呈粉红色,并有腺体,可温暖、湿润和净化吸入的空气。嗅部位于鼻腔后上部,黏膜呈黄褐色,内有嗅觉神经细胞,具有嗅觉功能。

鼻旁窦:也称为副鼻窦,包括额窦和上颌窦。鼻旁窦与鼻腔相通,当鼻黏膜发生炎症时，常可蔓延至鼻旁窦。鼻旁窦可减轻头骨的重量，在发声时也可起共鸣作用。

二、咽

参见消化系统。

三、喉

喉位于头颈交界处的腹侧，前端与咽相通，后端与气管相接。喉既是气体出入肺的通道，具有防止食物和水分进入气管的作用，同时也是发声器官。喉由喉软骨、喉肌和喉黏膜构成。

(一)喉软骨

喉软骨共有 4 种 5 块，即不成对的会厌软骨、甲状软骨、环状软骨和成对的勺状软骨(图 5-3)。会厌软骨位于喉的最前部，其表面被覆黏膜，合称为会厌。会厌与呼吸和吞咽密切相关，呼吸时，空气可直接通过喉腔，而在吞咽时，会厌发生翻转盖住喉口，使动物呼吸暂停，食物通过喉口背侧进入食管；甲状软骨是喉软骨中最大的一块，构成喉腔侧壁和底壁的大部；环状软骨位于甲状软骨之后，呈环形；勺状软骨有 1 对，形似角锥形。

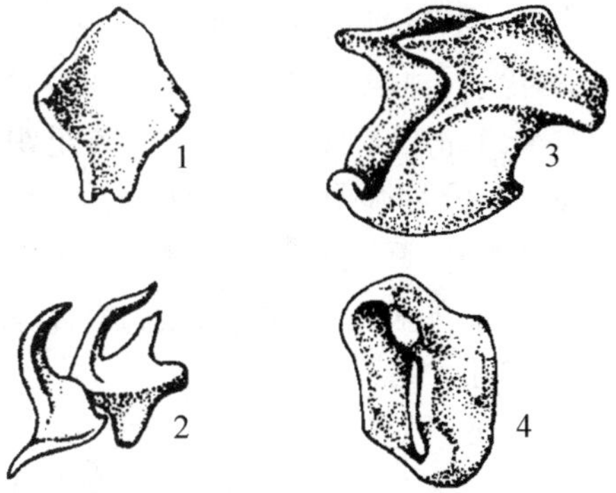

1. 会厌软骨 2. 勺状软骨
3. 甲状软骨 4. 环状软骨

图 5-3 犬的喉软骨

(二)喉肌

喉肌附着于喉软骨外侧，收缩时可改变喉的形状。喉肌均为骨骼肌。

(三)喉腔

喉腔是衬于喉软骨内面的黏膜所围成的腔隙，前方借喉口通咽，后方与气管相通。喉腔中部的侧壁上，有 1 对黏膜褶，称为声带，是发声器官。猫喉腔内有 1 对假声带和声带，前者振动时，使猫发出呼噜声，后者振动发出咪咪声。两声带之间的裂隙称为声门裂。

四、气管和支气管

(一)气管

1.气管的形态和位置

气管是由40～50个(猫有38～43个)气管软骨环通过结缔组织连接而构成的长圆筒状管道,起于喉,按部位分为颈段和胸段。颈段位于颈椎的腹侧,从第2颈椎处沿颈部腹侧的中线向后延伸到胸腔前口。胸段从胸前口进入胸腔,行于胸腔纵隔的前部和中部内,在心脏的上方,第5肋骨中部(猫约在第6肋骨的水平)相对处分支成左、右支气管进入左肺和右肺。

2.气管的结构

气管由内向外分为黏膜、黏膜下层和外膜3层(图5-4)。

(1)黏膜　由黏膜上皮和固有层构成。上皮为假复层柱状纤毛上皮,其纤毛属于动纤毛,可向喉的方向摆动,将附在黏膜上的尘埃、过剩的黏液等向体外排除。

(2)黏膜下层　由疏松结缔组织构成,内含气管腺,可分泌黏液,黏液可吸附灰尘等异物。

(3)外膜　由气管软骨和致密结缔组织构成,气管软骨呈环状弯曲的软骨片构成,环的背侧有缺口,通过环外的气管肌和结缔组织填充。

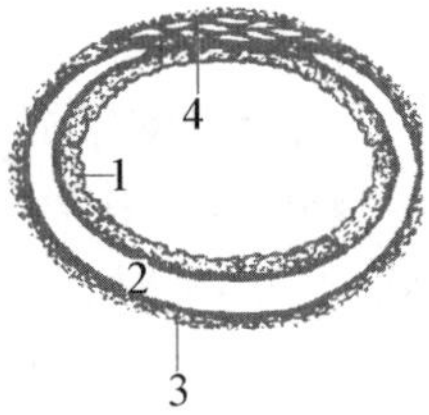

1.黏膜　2.气管软骨
3.外膜　4.气管肌

图5-4　犬的气管横断面

(二)支气管

支气管是肺门与气管之间的分叉管道,由气管的分支形成,分为左、右2支,分别进入左、右肺,并继续分支形成支气管树。

支气管的结构与气管相似,也是由黏膜、黏膜下层和外膜构成。

第二节　肺

一、肺的形态和位置

肺位于胸腔内,在纵隔两侧,左右各一,右肺比左肺大。健康犬、猫的肺呈粉红色,质轻而柔软,富有弹性,放入水中时不下沉。

左、右肺均呈半圆锥体,肺尖向前,位于胸腔前口处,肺底向后,与膈相接。左、右两肺都有3个面(肋面、膈面和纵隔面)和3个缘(背缘、腹缘和底缘)。与胸腔侧壁接触的隆凸面为肋面。与膈相接触的凹面又称膈面。纵隔面较平，与纵隔相对，并有心压迹以及食管和大血管的压迹。在心压迹的背侧有肺门，为支气管、肺动脉、肺静脉和神经等出入处。背侧缘钝而圆，位于肋椎沟中。腹侧缘薄而锐，位于胸外侧壁和胸纵隔间的沟内。底缘位于胸外侧壁与膈之间，呈弧形，反映在体表上为从第12肋骨上端至第5肋骨下端，凸向后下方。腹侧缘有心切迹，左肺心切迹较大，与第3～5肋软骨间隙相对应，在该处心包直接与胸壁相接触。右肺心切迹较小，位于第4～5肋软骨间隙。

右肺以深的切迹分为前叶、后叶和副叶，而左肺分为前叶和后叶(图5-5)。

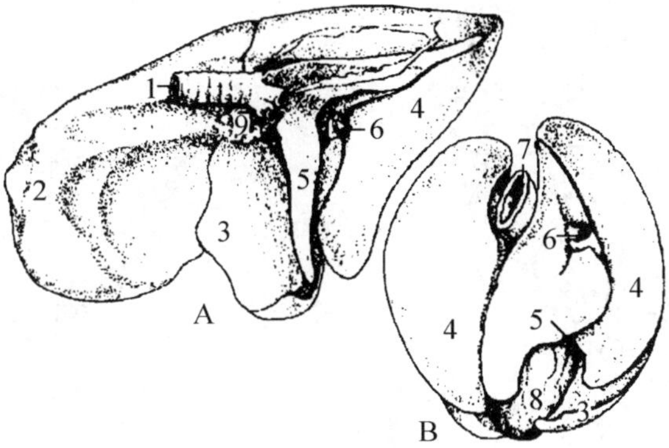

A. 右肺的内侧表面　B. 肺的底面和心脏
1. 气管　2. 前叶　3. 中叶　4. 后叶　5. 副叶　6. 后腔静脉
7. 食管　8. 心　9. 气管支气管淋巴结

图5-5　犬的肺

猫的右肺也比左肺大，右肺有4叶，即尖叶、心叶、膈叶和副叶；左肺只有3叶，即尖叶、心叶和膈叶。

二、肺的结构

肺由肺胸膜和肺实质所构成。

(一)肺胸膜

肺胸膜是被覆于肺表面的1层浆膜，由间皮及其深部的结缔组织构成，结缔组织通过肺门伸入实质内，将肺实质分为许多小叶。

(二)肺实质

肺实质包括导管部和呼吸部2部分。

导管部是指支气管进入肺门后反复分支成树枝状，称支气管树(图 5-6)，其各级分支统称小支气管(图 5-7)。管径在 1 mm 以下的分支为细支气管。细支气管末端的分支，形成终末细支气管。终末细支气管以下的分支为肺的呼吸部，包括呼吸性细支气管、肺泡管、肺泡囊和肺泡(图 5-8)。每个细支气管及其所属分支和肺泡构成肺小叶，肺小叶呈锥体形，尖端朝向肺门，底部朝向肺表面，临床上所说的小叶性肺炎即指的是局限于肺小叶的炎症。

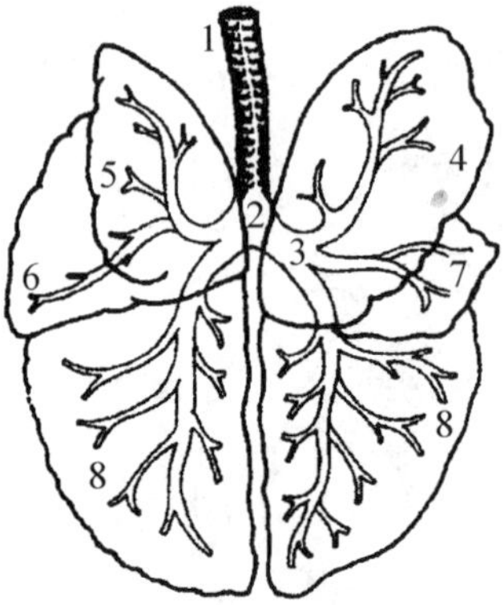

1.气管 2.气管分支部 3.气管干 4.右前叶前部 5.左前叶前部 6.左前叶后部 7.中叶 8.后叶

图 5-6 犬的支气管树模式图(背侧面)

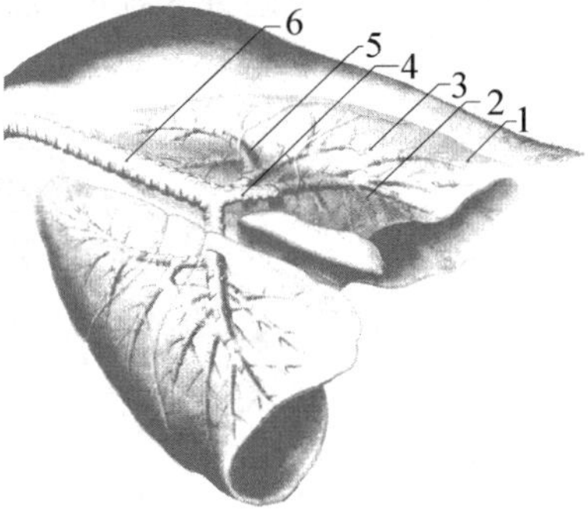

1.细支气管 2.节段支气管 3.肺 4.支气管 5.肺叶支气管 6.气管

图 5-7 犬的肺与气管

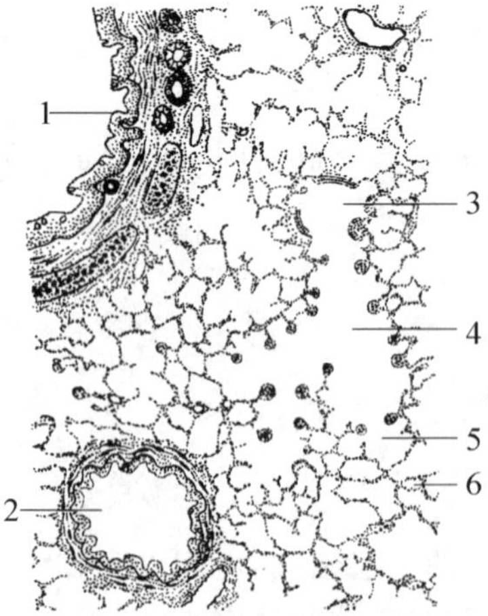

1.支气管 2.细支气管 3.呼吸性细支气管 4.肺泡管 5.肺泡囊 6.肺泡

图 5-8 肺的组织结构(低倍)

1.导管部

(1)肺内支气管与小支气管 管壁结构与气管相似。黏膜上皮为假复层柱状纤毛上皮。

(2)细支气管　黏膜上皮变为单层柱状纤毛上皮，软骨片基本消失，环行平滑肌明显。

(3)终末细支气管　上皮为单层柱状纤毛上皮。杯状细胞、腺体和软骨片均消失，平滑肌形成完整的环层，肌纤维的收缩或舒张，可调节进入肺泡内的气流量。

2.呼吸部

(1)呼吸性终末细支气管　其管壁上有肺泡开口。

(2)肺泡管　每个呼吸性终末细支气管分出2～3条肺泡管。管壁有较多的肺泡囊和肺泡开口。

(3)肺泡囊　是多个肺泡具有共同开口所围成的囊泡状结构。

(4)肺泡　为多面形的薄壁囊泡，开口于肺泡囊、肺泡管或呼吸性终末细支气管。肺泡壁很薄，由单层扁平上皮和其下所附着的基膜构成。相邻肺泡之间有薄层结缔组织，称肺泡隔。肺泡上皮由2种类型的上皮细胞构成。

①Ⅰ型肺泡细胞：又称扁平细胞，参与构成呼吸膜。

②Ⅱ型肺泡细胞：嵌于Ⅰ型肺泡细胞之间。此型细胞可分泌肺泡表面活性物质，该物质分泌后涂布于肺泡表面，具有降低肺泡表面张力的作用。吸气时，肺泡扩张，肺泡表面活性物质分布稀薄，降低表面张力的作用减小，肺泡回缩力增大，可避免肺泡过度扩张；呼气末时，肺泡缩小，单位面积内的表面活性物质增厚，降低表面张力的作用增强，肺泡回缩力减小，可避免肺泡塌陷。当机体发生创伤、休克、中毒时，表面活性物质的合成与分泌受到抑制或破坏，可导致肺泡萎缩。

(5)肺泡隔　为相邻肺泡间薄层结缔组织，其中分布着丰富毛细血管网和大量弹性纤维。毛细血管网对于血液与肺泡之间的气体交换起着重要作用，弹性纤维使肺具有一定的回缩力，故动物在平静呼吸时呼气是被动过程。在肺泡隔中，还含有胶原纤维、网状纤维及成纤维细胞、浆细胞、肥大细胞和巨噬细胞等。

(6)肺泡巨噬细胞　位于肺泡隔或肺泡腔中，由单核细胞转化而来，可大量吞噬体内的细菌、异物和红细胞等。吞噬了尘粒后的巨噬细胞称为尘细胞。

(7)气血屏障　又称呼吸膜，是肺泡和血液之间进行气体交换时气体必须通过的结构，包括肺泡表面活性物质、Ⅰ型肺泡上皮细胞与基膜、肺泡隔薄层结缔组织、毛细血管基膜与连续的内皮。气血屏障很薄，若结构中任一层发生病变，就可对肺的气体交换产生明显的影响。

三、肺的呼吸机能

肺呼吸是动物呼吸过程的第一个环节，此环节又可分为肺通气和肺换气2个过程。肺通气是指外界的气体通过呼吸道进入肺泡，或者肺泡内的气体通过呼吸道排到外界，从而不断地将外界的氧吸入到肺泡，将肺泡内的二氧化碳排出到外界。肺通气的动力主要是呼吸肌（肋间外肌、膈、肋间内肌以及一些腹肌）的收缩和肺自身的回缩力。肺换气是指肺泡内的气体穿过呼吸膜与肺毛细血管内血液进行气体交换的过程。气体交换的动力是肺泡内和肺毛细血管内存在气体分压差，在肺毛细血管内，氧的分压比肺泡内的小，而二氧化碳的分压比肺泡内的大，这样肺泡内的氧气可扩散到肺毛细血管中，而肺毛细血管中的二氧化碳则可扩散到肺泡内。

影响肺呼吸的因素很多。首先是呼吸肌的运动。犬在正常呼吸时，在呼吸肌的作用下，胸廓可发生明显的起伏，但在患胸膜炎等疾病时由于胸膜摩擦引起疼痛，病犬会尽量减弱呼吸肌运动的幅度，从而使肺呼吸的功能也受到影响。另外，呼吸膜的面积及通透性也是肺换气重要的影响因素。呼吸膜面积越大，则肺换气的效率越高，在某些病理情况下，如肺气肿时肺泡融合，致使呼吸膜面积减小，肺换气的效率降低。在肺炎时常引起呼吸膜增厚，使肺换气出现障碍，出现呼吸困难。

第三节　胸膜和纵隔

一、胸膜和胸膜腔

胸膜为覆盖在肺表面、胸壁内面、纵隔侧面及膈前面的浆膜。胸膜分为脏层和壁层 2 层，胸膜被覆于肺表面的部分称肺胸膜，即胸膜脏层。胸膜壁层被覆于胸壁内面、纵隔侧面和膈前面，其中被覆于胸壁内面的部分称为肋胸膜，被覆于纵隔侧面的部分称纵隔胸膜。胸膜脏层和壁层在肺根处互相返折延续，在 2 肺周围分别形成 2 个互不相通的腔隙，称为胸膜腔，腔内含有少量浆液，称为胸膜液，有润滑胸膜，减少呼吸时胸膜脏层和壁层之间摩擦的作用。

正常情况下，胸膜腔内没有气体，压力低于大气压（即呈负压），这样可以对肺起牵张作用。当胸壁受到创伤时，外界气体可以进入胸膜腔引起气胸，使腔内压力与大气压相等，此时肺由于在自身的回缩力作用下会发生回缩，影响肺的正常呼吸功能。

二、纵隔

纵隔位于胸腔中部，是两侧纵隔胸膜之间的脏器和结缔组织的总称。纵隔内的脏器主要有心脏、食管、气管、大血管和淋巴管等（图 5-9）。纵隔的腹侧为胸骨，背侧为胸段脊柱；前方是胸腔前口，后方是膈。纵隔中部宽，两端较窄，呈纺锤形。由于右肺较大，心脏偏左，纵隔显著左移。纵隔在心脏所在的部位称中纵隔。心脏上方的为背纵隔，心脏前方的为前纵隔，心脏后方的为后纵隔。

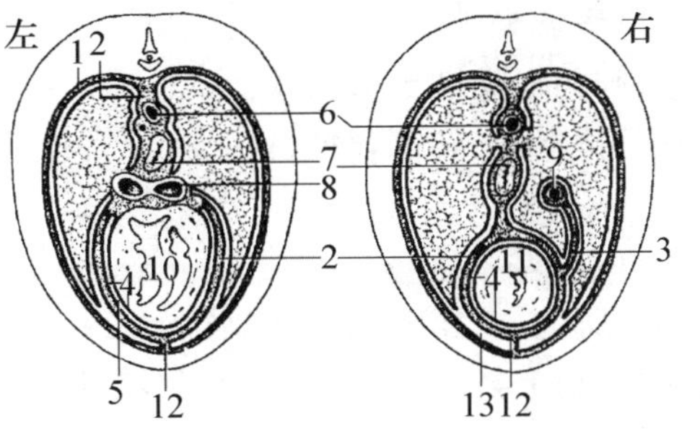

A. 心脏部位　　B. 心脏后部

1. 肋胸膜　2. 纵隔胸膜　3. 后腔静脉褶　4. 心包的壁层和脏层　5. 心包腔　6. 主动脉　7. 食管　8. 气管分支部　9. 后腔静脉　10. 心脏　11. 心尖　12. 心包胸骨韧带　13. 肋纵隔窦

图 5-9　犬胸廓的横断面

本章小结

- 呼吸系统
  - 呼吸道
    - 鼻
      - 鼻孔
      - 鼻前庭
      - 固有鼻腔
    - 咽
    - 喉
      - 喉软骨
      - 喉肌
      - 喉腔
    - 气管和支气管
  - 肺
    - 肺的位置和形态
    - 肺的结构
      - 肺胸膜
      - 肺实质
        - 导管部
        - 呼吸部
    - 肺的呼吸机能
  - 胸膜和纵隔

技能训练

一、呼吸器官形态、构造的识别

【目的要求】掌握喉、肺的形态和大体结构。

【材料设备】犬新鲜尸体标本,解剖器械。

【方法步骤】

1. 喉结构的辨认

①切除喉部外侧部分肌肉,暴露喉部,确定喉在头颈上的存在部位。

②将喉离体后,在喉实物上辨认出会厌软骨、勺状软骨、甲状软骨、环状软骨、会厌、喉肌、气管软骨环等。

③将喉从正中矢状面切开,注意观察喉的内部构造:喉腔、喉口、声带、声门裂等结构。

2. 肺的形态与结构辨认

①观察肺的外形和正常颜色。

②矢状剪开气管和支气管,辨认气管黏膜,支气管黏膜和主支气管。辨认肺门。

③观察左、右肺,比较左、右肺的大小区别,辨认肋面、肋压迹、纵隔面、心压迹。区分出肺的分叶。

④将肺横切,观察海绵状肺泡结构和支气管结构。

【技能考核】

①在喉标本上辨认出会厌软骨、杓状软骨、甲状软骨、环状软骨。

②在肺标本上辨认出左、右肺的分叶并说出各叶的名称;辨认肺门。

二、呼吸器官活体投影位置的确认

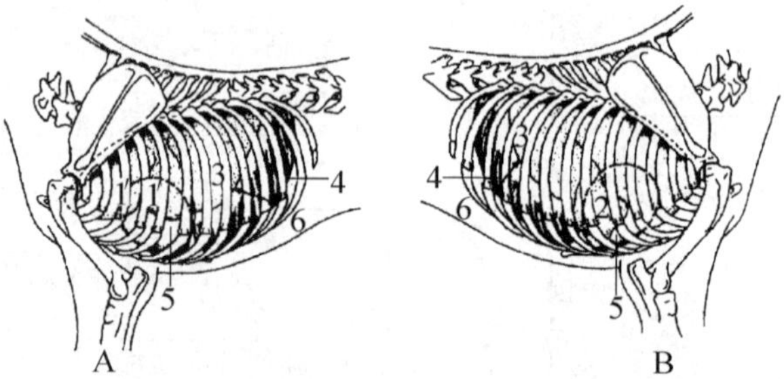

A. 左侧观 B. 右侧观 虚线表示心脏的轮廓

1. 前叶 1′. 左前叶后部 2. 中叶 3. 后叶 4. 膈 5. 心 6. 肋膈窦(箭头所示)

犬的胸腔脏器体表投影位置

【目的要求】掌握活体犬体中气管、肺的体表投影位置。

【材料设备】犬(活体,健康)

【方法步骤】

①将犬站立保定。

②气管的位置确定。颈段气管沿着颈部腹侧正中线向后延伸到胸腔前口;胸段气管沿着胸腔纵隔向后延伸至第5肋骨中部相对处分为左、右支气管。

③肺的体表投影位置确定。肺位于胸腔内,前端抵达胸腔前后,上端与胸椎椎体相对,底缘与膈相贴,呈弧形,体表投影位置为从第12肋骨上端至第5肋骨下端。

【技能考核】指出犬的肺在体表的投影位置。

复习思考题

1. 解释下列名词:鼻镜;肺泡膈和纵隔;胸腔、胸膜和胸膜腔;胸内负压和气体分压;肺小叶。

2. 如何从体表确定肺的听诊部位?

3. 氧和二氧化碳在肺泡与肺毛细血管间是如何实现交换的?

4. 为什么说肺呼吸部组织结构非常适合肺换气的发生?

第六章　泌尿系统

知识目标：了解犬、猫泌尿系统的组成；掌握肾和膀胱的位置、形态、构造和机能；理解尿液生成的原理。

技能目标：能够在显微镜下识别肾的组织结构。

宠物（犬、猫）在新陈代谢过程中产生的各种代谢废物和多余的水必须及时排除体外，才能维持其正常的生命活动。这些"废物"主要由呼吸器官、消化器官和泌尿器官排出。其中，泌尿系统是最主要的排泄途径。

犬、猫的泌尿系统由肾、输尿管、膀胱和尿道组成（图 6-1）。

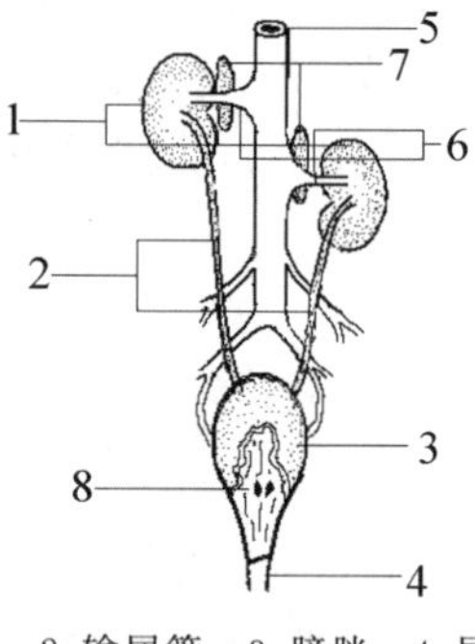

1. 肾　2. 输尿管　3. 膀胱　4. 尿道　5. 腹主动脉　6. 肾动脉　7. 肾上腺　8. 输尿管开口

图 6-1　犬的泌尿系统模式图（腹面观）

肾为分泌尿液的腺，输尿管为输送尿液的管，膀胱是暂存尿液的囊，尿道是将尿液导向体外的通道。另外，肾脏除了能生成尿液外，还有调节体液和维护机体电解质平衡的机能。

第一节　肾

一、肾的形态、位置和一般构造

犬的肾较大，占体重的 0.5%～0.67%。肾显红褐色，表面光滑。左、右肾均呈蚕豆形,位于腹主动脉两旁的肾脂肪囊中(图6-2)。右肾与肝、胰、十二指肠和腰下肌相接触,固定于最后肋骨近上端和前几个腰椎横突下方。左肾和胃、脾、胰、结肠左部及腰下肌相接触,在胃空虚时位于腰椎横突下方,在胃充满时后稍向后移位。左肾的外缘经常与左腹肋壁接触,可在皮外用手触及。但有的犬,因脾脏呈纵向方位,常把左肾与肋腹部隔开,故不能触及。

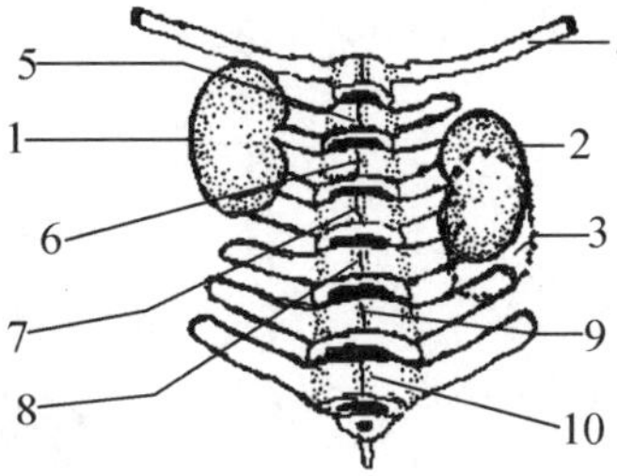

1.右肾　2.左肾(胃空时)　3.左肾(胃充盈时)　4.最后肋骨　5.第1腰椎　6.第2腰椎　7.第3腰椎　8.第4腰椎　9.第5腰椎　10.第6腰椎

图 6-2　犬肾的位置投影图(腹面观)

肾的表面包有被膜(正常情况下,此膜较易剥离)。肾内缘有较宽广的肾门,肾门向内部扩大形成肾窦。窦内有输尿管起始部、血管、神经、淋巴管,还有填充其间的结缔组织。

肾实质分为皮质和髓质2部分。皮质位于外周,呈棕红色。髓质位于深部,颜色较淡,呈放射状,内缘有肾总乳头(具有肾嵴)。肾盂与肾总乳头相对应,底部有漏斗口连接于输尿管起始端。在皮质部和髓质部之间,还有1层显深红色的狭窄带,叫中间部,是富有血管的部位。犬的肾没有肾盏,属于表面光滑的单乳头肾。

二、肾的组织结构

肾实质是肾的主要部分,由肾单位和集合小管组成(图6-3)。

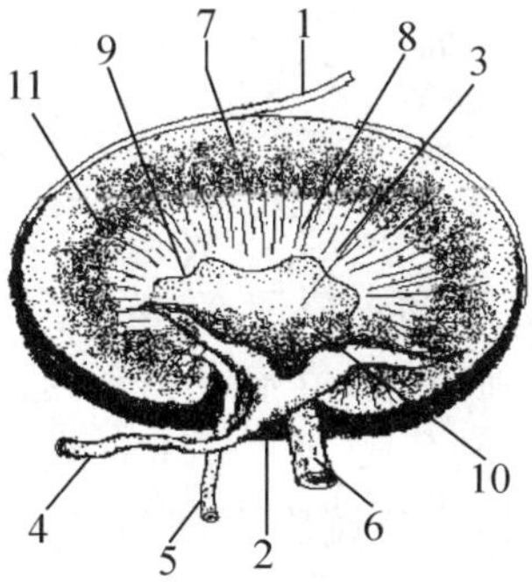

1.被膜　2.肾门　3.肾窦　4.输尿管　5.肾动脉　6.肾静脉　7.皮质　8.髓质　9.具有肾嵴的肾总乳头　10.肾盂　11.中间部

图 6-3　犬肾的切面示意图(冠状切开)

(一)肾单位

每只犬肾中含有80万~120万个肾单位。肾单位由肾小体和肾小管组成(图

6-4 和表 6-1）。

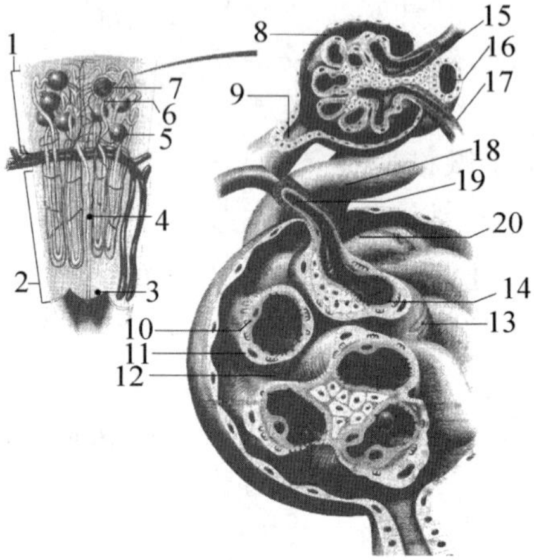

1.皮质　2.髓质　3.肾乳头　4.集合管　6.肾小体　7.肾小球　8.肾小囊腔　9.近曲小管　10.内皮细胞　11.上皮细胞　12.内皮细胞小孔　13.足突起　14.球旁细胞区　15.输入动脉　16.远曲小管　17.输出动脉　18.远曲小管　19.输入动脉　20.输出动脉

图 6-4　肾单位的结构

表 6-1　肾单位的组成

- 肾单位
  - 肾小体
    - 肾小球（毛细血管球）
    - 肾小囊（内、外两层上皮，中间为囊腔）
  - 肾小管
    - 近曲小管
    - 髓袢
      - 降支
      - 升支
    - 远曲小管

1. 肾小体

肾小体分布于皮质的浅表层和皮质深部，由肾小球和肾小囊 2 部分构成。

（1）肾小球　是 1 个毛细血管球，位于肾小囊内。血液从入球小动脉进入，从出球小动脉流出。

（2）肾小囊　是肾小管起始部盲端膨大凹陷形成的杯状囊，由肾小囊的脏层、囊腔和肾小囊的壁层构成。肾小囊的脏层上皮与紧相贴附的肾小球毛细血管壁构成滤过膜，具有良好的选择通透性。肾小囊腔通入近曲小管。

2. 肾小管

肾小管是 1 条细长而弯曲的小管，起始于肾小囊，顺次延续为近曲小管、髓袢和远曲小管。

①近曲小管是肾小管中最长而弯曲的部分。

②髓袢是从肾皮质进入髓质(降支),又从髓质返回皮质(升质)的U形小管,连接近曲小管与远曲小管。

③远曲小管,位于皮质内,较近曲小管短而且弯曲少,末端汇入集合小管。

肾单位的机能是生成尿液。

(二)集合小管

众多远曲小管的末端汇成较粗的集合小管,进入肾总乳头后,延续为更粗的乳头管,乳头管将尿液排入肾盂。

(三)肾小球旁器

肾小球旁器主要包括球旁细胞和致密斑:

(1)球旁细胞　是由位于入球小动脉管壁中的平滑肌细胞转变为上皮样细胞构成,细胞成立方形或多角形,内有分泌颗粒,颗粒内含有肾素。

(2)致密斑　在靠近肾小体入球小动脉和出球小动脉交叉处的内侧面,远曲小管上皮细胞变为高柱状,呈斑状隆起,故称为致密斑,它是化学感受器,可感受肾小管原尿中 Na^+ 的浓度变化,并将信息传递给球旁细胞,调节肾素的释放。

三、肾的血液循环特点

①肾动脉短而粗,直接分支于腹主动脉,血液流量大、流速快;

②2 次形成毛细血管网,即肾小球毛细血管网和球后毛细血管网;

③肾小球的入球小动脉粗于出球小动脉,提高肾小球毛细血管网内的血压,利于血液滤过;

④球后毛细血管网血压很低,利于尿液重吸收;

⑤髓质内的直小动脉和直小静脉形成U形血管袢,伴行于肾小管和集合小管近旁;也利于它们发生重吸收和分泌、排泄作用。

四、尿的生成

尿生成的过程包括 2 个阶段,一是经肾小球滤过作用生成"原尿",二是由肾小管和集合小管重吸收、分泌及排泄作用形成"终尿"。

(一)肾小球滤过作用

当血液流经肾小球时,由于滤过膜具有良好的通透性,加之肾的有效滤过压,使得除血细胞和大分子蛋白质外的血浆通过滤过膜滤过到肾小囊腔中。这种过滤液称为“原尿”，原尿是含有代谢废物的高级营养液。

原尿的生成量与肾小球滤过膜的通透性和肾有效滤过压有关。

原尿滤过膜＝肾小球毛细血管壁单扁上皮＋肾小囊脏层单扁上皮。

肾有效滤过压＝肾小球毛细血管血压－(血浆胶体渗透压＋肾小囊内压)。

在正常情况下，肾小球毛细血管网促进原尿滤过的力(肾小球毛细血管血压)略大于阻止原尿滤过的力(血浆胶体渗透压与肾小囊内压合成的综合阻力)，从而促进了原尿生成。

(二)肾小管和集合小管的重吸收、分泌、排泄作用

前文已述，原尿除了含有代谢废物外，还含有大量有营养作用的物质。当原尿沿着肾小管和集合小管流动时，其中的营养物质被重新吸收到球后毛细血管网的血液中，称为重吸收作用(凡对机体有用的物质，如葡萄糖、氨基酸、钙、钠、氯等，几乎全部或大部分返回血液；对机体无用或用处不大的代谢废物，如尿素、尿酸、肌酸、HCO_3^-、SO_4^{2-} 等，则仅有少许重吸收或完全不被血液重吸收)；与此同时，肾小管和集合小管还能将血浆或肾小管上皮细胞内形成的新代谢物质，如 H^+、K^+、NH_3 等分泌到肾小管中。也能将某些不易代谢的物质(如尿酸、尿胆酸)或由外界进入体内的物质(如药物)排放到肾小管和集合小管腔中。习惯上，将前者称为分泌作用，后者称为排泄作用。经过肾小管和集合小管的重吸收、分泌、排泄作用，富有营养的原尿被改造成了含有更多代谢废物(如尿素、肌酸酐、尿色素、尿胆酸、碳酸氢盐、磷酸盐、硫酸盐和氯化物)的终尿，终尿微滴从尿总乳头上泌出并汇入肾盂、流入输尿管。

宠物的排尿量受饮水量及食物的影响。大型犬每昼夜可排 1.5～2 L 尿液、中小型可排 0.5～1 L 尿液。正常犬尿是透明而淡黄色的液体，呈酸性。

猫的泌尿器官的组成、形态、位置、结构和机能与犬的基本相同，尿生成与排放的机能与犬基本相似，但它们具有以下的区别：

①猫的肾较小，约占总体重的 0.34%；

②猫的肾被膜下有丰富的被膜静脉；

③猫每昼夜排尿量较少，一般仅为 0.1～0.2 L。尿的密度为 1.055。

第二节 输 尿 管

犬、猫的 2 根输尿管分别连接于同侧肾和膀胱之间。输尿管前端由肾门走出，沿腹腔顶壁向后延伸，后端在膀胱颈的背面穿入膀胱腔。输尿管壁可分 3 层，内为

黏膜层，外为浆膜层，中间为肌肉层。

第三节　膀　　胱

动物的膀胱区分为前端钝圆的膀胱顶、后段渐细的膀胱颈及二者之间的膀胱体。当它空虚时，膀胱整体退入骨盆腔；当它充满尿液时，其膀胱顶和膀胱体向前下方移入腹腔后部。公犬的膀胱上方是直肠。母犬的膀胱上方是子宫和阴道。膀胱壁由外向内可分为 3 层，即浆(外)膜层、肌肉层和黏膜层。肌肉层由数层平滑肌纤维构成。黏膜层位于膀胱内表面，在颈部附近的黏膜上有 1 对输尿管后口，尿液由输尿管后口流入膀胱。膀胱上皮为变移上皮。

猫的膀胱除体积相对较小以外，在构造、位置与机能方面与犬基本相同。

第四节　尿　　道

公、母犬的尿道在构造和机能方面有较大差别。公犬的尿道较长，兼有排尿、排精液 2 种功能，因而也可称为尿生殖道；母犬的尿道较短，仅将尿液导入尿生殖前庭，再由尿生殖前庭和阴门将尿排出。

猫的尿道在构造和机能上与犬基本相似。

一、公犬的尿道

公犬的尿道可区分为尿道骨盆段、尿道球段和尿道阴茎段 3 部分(图 6-5)。

(1)尿道骨盆段　尿道骨盆段比较长，前端与膀胱颈相接通，尿道前半部包藏在前列腺内(当此腺膨大时，可影响排尿)；

(2)尿道球段　尿道途经坐骨弓处时，该处管壁的尿道海绵体特别发达，隆突为球状，称为尿道球；

(3)尿道阴茎段　尿道阴茎段贯穿行走在整个阴茎中，末端以尿道外口开口于龟头突。

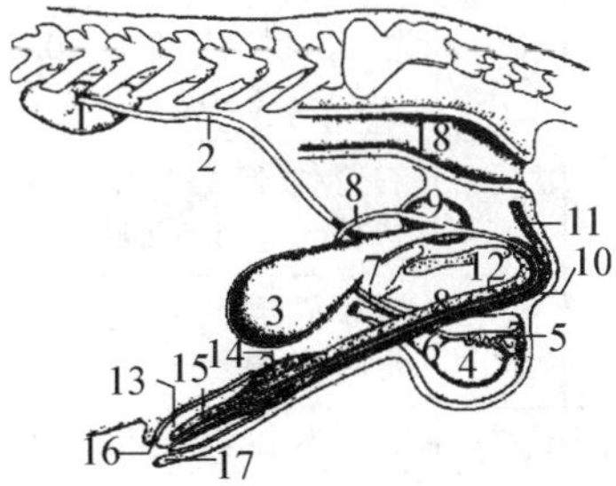

1. 右肾　2. 输尿管　3. 膀胱　4. 睾丸　5. 附睾　6. 精索　7. 腹股沟管　8. 输精管　9. 前列腺　10. 尿道海绵体　11. 阴茎退缩肌　12. 阴茎海绵体　13. 阴茎龟头　14. 龟头球　15. 阴茎骨　16. 包皮憩室　17. 包皮　18. 直肠

图 6-5　公犬的泌尿和生殖器

二、母犬的尿道

母犬的尿道是连接于膀胱和尿生殖前庭之间的细长管道。尿道前端以尿道内口与膀胱连通，后端以尿道外口在阴瓣后下方通入尿生殖前庭。母犬膀胱中的尿液须经尿道、尿生殖前庭和阴门排出体外（图 6-6）。

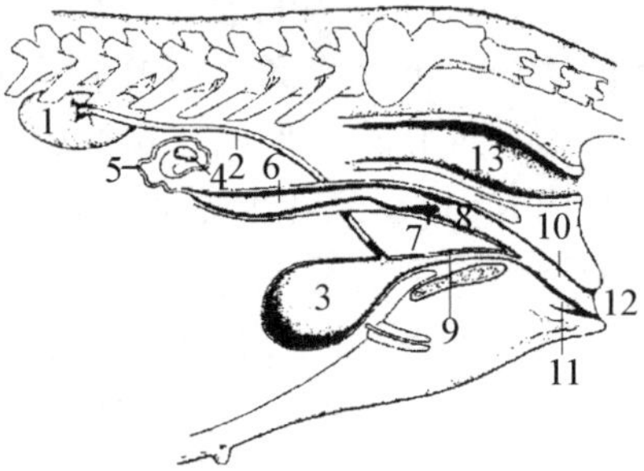

1. 右肾　2. 输尿管　3. 膀胱　4. 卵巢　5. 输卵管　6. 子宫角　7. 子宫颈
8. 阴道　9. 尿道　10. 阴道前庭　11. 阴蒂　12. 阴门　13. 直肠

图 6-6　母犬的泌尿和生殖器

附：犬、猫的泌尿器官解剖生理摘要

犬、猫的泌尿器官解剖生理摘要如表 6-2 所示。

表 6-2　犬、猫的泌尿器官解剖生理摘要

项目		犬	猫
肾	形状	两肾均呈蚕豆状，稍扁平	两肾均呈蚕豆状
	大小	较大，占体重的 0.5%～0.67%（1/150～1/200）	较小，占体重的 0.34%
	位置	右肾位于最后肋骨至第 3 腰椎下方，左肾位于第 1～4 腰椎下方	右肾位于第 2～4 腰椎下方，左肾位于第 3～5 腰椎下方
	特点	属于光滑的单乳头肾，无肾盏，总乳头带有肾嵴	有丰富的被膜静脉，属于光滑的单乳头肾
输尿管		起于肾盂，止于膀胱后部上壁	起于肾盂，止于膀胱颈的背部上壁
膀胱	形状	梨状	梨状
	大小	中型犬尿充盈时，可容纳 50～200 mL 尿液	可容纳 10～20 mL 尿液
	位置	空虚时全部位于骨盆腔底部；充盈时顶端到达脐部，体部位于腹腔耻骨部	位于腹腔后底部和直肠下方
	特点	膀胱括约肌发达	

续表 6-2

项目		犬	猫
尿道	分段	公犬的尿道分为骨盆段、尿道球段和阴茎段；母犬的尿道仅是膀胱与尿生殖前庭之间的小管	公猫的尿道分为骨盆段、尿道球段和阴茎段；母猫的尿道仅是膀胱与尿生殖前庭之间的小管
	特点	骨盆尿道前段常受前列腺腺体部的压迫而影响尿排放	骨盆尿道前段常受前列腺腺体部的压迫而影响尿排放
尿性状		透明而淡黄色液体，呈酸性	呈酸性，密度为 1.055
排尿量		中型犬 500～1 000 mL/24 h 大型犬 1 500～2 000 mL/24 h	100～200 mL/24 h

本章小结

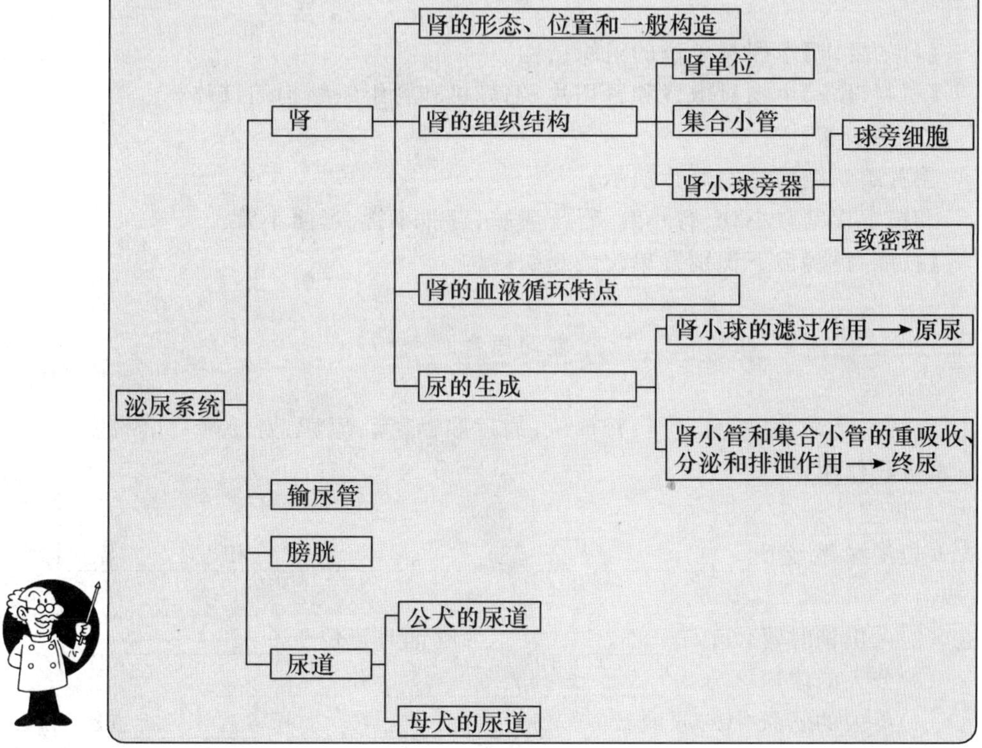

技能训练

一、泌尿器官的识别

【目的要求】使学生掌握宠物肾和膀胱的形态、位置和大体结构。

【材料设备】犬、猫泌尿器官标本，解剖器械。

【方法步骤】

①在新鲜标本或离体标本上识别泌尿系统的组成器官。

②在离体标本上识别犬、猫肾的被膜、肾门、皮质、髓质、总乳头和肾盂；识别膀胱的顶、体、颈和黏膜面的输尿管口、尿道内口。

【技能考核】识别犬肾的形态和大体结构。

二、肾组织结构的识别

【目的要求】掌握肾单位的组织结构。

【材料设备】生物显微镜和肾切片，幻灯机和肾组织结构幻灯片。

【方法步骤】

①肾组织结构的幻灯片演示。

②镜下识别肾小球、肾小囊、肾小囊腔、近曲小管、远曲小管。

【技能考核】镜下识别肾单位的组织结构。

复习思考题

1.解释名词：有效滤过压；肾单位；滤过膜；肾盂；原尿；肾小囊；光滑的单乳头肾；重吸收作用。

2.填空

(1)泌尿系统由__________、__________、__________和__________器官组成。

(2)犬饥饿时肾位于__________，犬吃饱时肾位于__________。

(3)公犬的尿道区分为__________、__________和__________。

(4)母犬的膀胱中的尿液经__________、__________和__________最终排出体外。

(5)膀胱壁由外向内可分为__________、__________和__________3层。

3.问答题

(1)试述肾血液供应的特点。

(2)试述尿生成的基本过程。

(3)为什么说泌尿是最主要的排泄途径?

第七章　生殖系统

知识目标：了解宠物生殖系统的组成；掌握睾丸、附睾、卵巢和子宫的位置、形态、构造及其作用。

技能目标：能在标本上识别主要生殖器官的形态、结构和在显微镜下识别性腺组织结构。

生长发育成熟后的宠物，能产生出相似于自体的子代个体，这种现象称为生殖。生殖是保证物种延续的重要机能。宠物的生殖，依靠两性生殖器官产生性细胞（精子与卵子）以及性细胞在雌体内结合和孕育而实现。

犬、猫的生殖系统分为雄性生殖系统和雌性生殖系统2部分。

第一节　雄性生殖系统

犬、猫的雄性生殖系统由睾丸、附睾、输精管、精索、副性腺、尿生殖道、阴茎、包皮和阴囊组成。

睾丸是产生精子和分泌雄激素的生殖腺；附睾是贮存精子和发育精子的场所；输精管是将精子输送到尿生殖道的管；副性腺分泌精清；尿生殖道将精子与精清混合成精液，并可射精和排尿；阴茎是雄性交配器；精索、阴囊和包皮是支持和保护性的器官。

一、睾丸和附睾

（一）睾丸

1. 睾丸的位置、形态和大体结构

犬、猫的睾丸成对，位于阴囊中；呈卵圆形，分为头、体、尾3部分。长轴上端倾向后方。睾丸头位于后端。睾丸游离缘朝向阴囊底,附着缘的外侧附有附睾;睾丸外表包着被膜(又称固有鞘膜),被膜由浆膜和白膜组成。白膜在睾丸头处进入睾丸长轴延续为睾丸纵隔,睾丸纵隔发出许多睾丸小隔伸向被膜的白膜层,将睾丸内部分隔成许多睾丸小叶。每个睾丸小叶内容纳着曲精小管和直精小管。曲精小管起于盲端,汇合为直精小管并进入睾丸纵隔中,在纵隔中互相交织形成睾丸网。睾丸网在睾丸头端延续为睾丸输出小管并穿出白膜进入附睾头部(图 7-1)。

2. 睾丸的组织结构

睾丸由实质和间质 2 部分组成。睾丸实质包括曲精小管、直精小管和睾丸网。

(1)曲精小管　在性成熟后的犬、猫的曲精小管壁上,可见到一些稀疏的柱状支持细胞,其底部附着在管壁的基膜上,顶部伸达小管腔。在相邻的支持细胞的侧面之间,镶嵌有许多不同发育阶段的生精细胞,它们按精子发生顺序依次是:精原细胞、初级精母细胞、次级精母细胞、精子细胞和精子。曲精小管有生成精子、营养精子发生,吞噬精子残体等机能(图 7-2)。

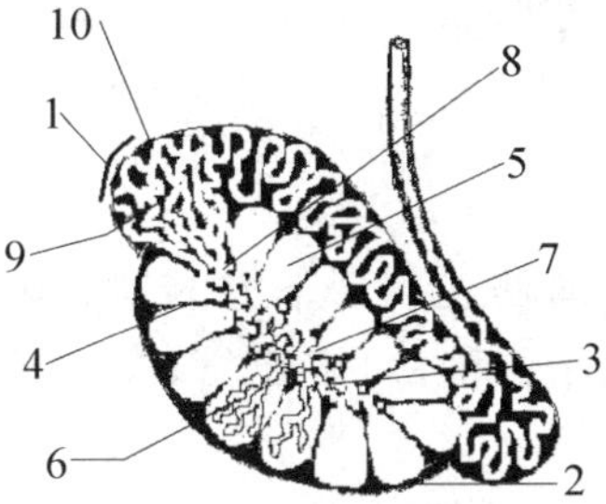

1. 被膜　2. 白膜　3. 睾丸纵隔　4. 睾丸小隔
5. 睾丸小叶　6. 曲精小管　7. 直精小管
8. 睾丸网　9. 睾丸输出小管　10. 附睾头

图 7-1　睾丸的一般结构示意图

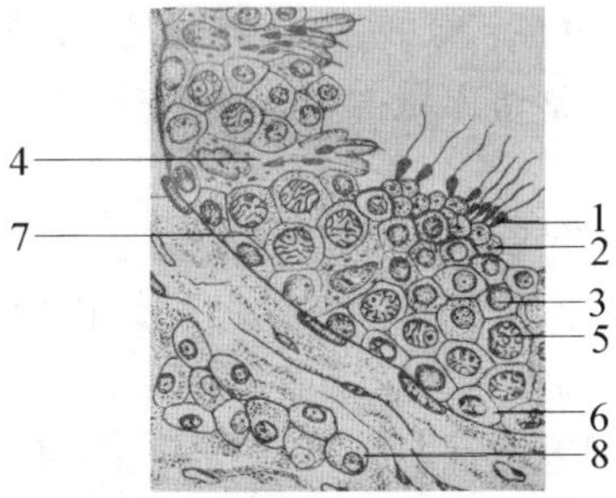

1. 精子　2. 精子细胞　3. 次级精子细胞
4. 支持细胞　5. 初级精母细胞
6. 精原细胞　7. 基膜　8. 间质细胞

图 7-2　曲精小管组织结构

(2)直精小管　直精小管壁上仅有支持细胞而无生精细胞。

(3)睾丸网　睾丸网管壁上皮上有分泌细胞。直精小管和睾丸网有营养精子和输送精子的机能。

睾丸间质是指位于曲精小管之间的疏松结缔组织,内有睾丸间质细胞,可分泌雄性激素。

(二)附睾

犬的附睾比较大,附着于睾丸的背外侧。附睾外部可区分为附睾头、体、尾;附睾内部是附睾管和部分睾丸输出小管构成的管道系统（图 7-3）。

二、阴囊

阴囊呈球形，位于肛门和腹股沟部的中央部。阴囊颈很短，阴囊皮肤带有色素，并生有稀疏的细毛，阴囊正中缝不甚明显。阴囊壁分为皮肤、肉膜、筋膜和总鞘膜 4 层。阴囊的机能是容纳和保护睾丸、附睾和精索，并有调节体温的功能。

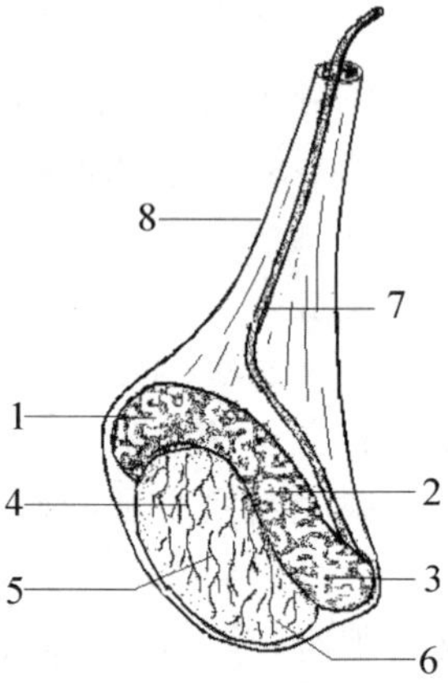

1. 附睾头 2. 附睾体 3. 附睾尾 4. 睾丸头 5. 睾丸体 6. 睾丸尾 7. 输精管 8. 精索

图 7-3 附睾构造示意图

三、输精管和精索

(一)输精管

输精管连于附睾尾和尿生殖道之间的 1 对细长管道，下段穿行于两条精索内，上段进入腹腔、骨盆腔内，并以精阜通入尿生殖道中。

(二)精索

精索斜行于阴茎的两侧。由封闭的鞘膜环斜向伸展到后下方的睾丸附着缘，精索的上端较细，下端较粗。精索内有精索动脉、精索静脉、淋巴管、交感神经、输精管和睾内提肌并行，精索外部包着鞘膜脏层。

猫的精索较长，在骨盆腔前口处可触摸到空腹时的精索。

四、副性腺

犬的副性腺仅由发达的前列腺构成，无精囊和尿道球腺。前列腺略呈黄色，分为腺体部和扩散部，前列腺腺体部体积较大，位于耻骨前缘处，呈球状环绕在膀胱颈及尿道的起始部。扩散部的前列腺体积很小，隐藏于尿道壁内。

猫的副性腺由发达的前列腺和不发达的尿道球腺构成，在机能上与犬基本相似。猫的尿道球腺位于坐骨弓处的尿道球旁，呈豌豆状。

五、阴茎和包皮

(一)阴茎

阴茎由海绵体、尿道和皮肤（外膜）构成，可分为阴茎根、阴茎体、阴茎头 3 段（图 7-4）。

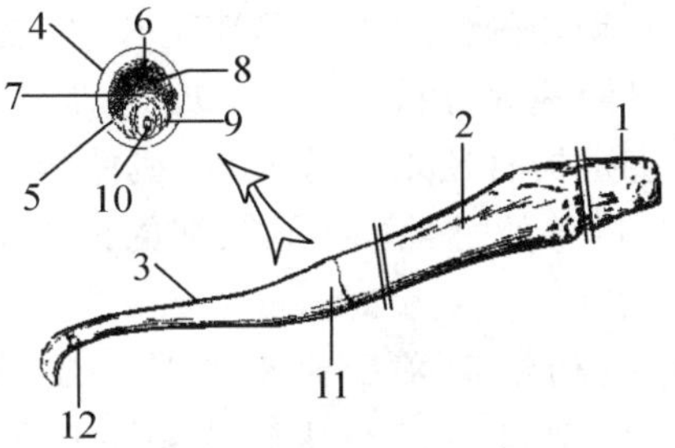

1.阴茎根 2.阴茎体 3.阴茎头 4.阴茎皮肤 5.白膜 6.正中隔 7.横隔
8.阴茎骨 9.尿道海绵体 10.尿道 11.龟头球 12.龟头突

图 7-4 犬的阴茎分段示意图

(1)阴茎根 阴茎根极短,附着于坐骨弓腹缘,左右阴茎脚合并后就形成阴茎体。

(2)阴茎体 阴茎体细长,它向前伸展形成阴茎头。阴茎体从横切面看,外表是阴茎皮肤,皮肤下为外膜和白膜。白膜向内形成横隔和正中隔,将阴茎体内部的海绵体组织(勃起组织)分隔为左、右阴茎海绵体和腹侧的尿道海绵体。犬的阴茎体的正中隔比较连贯,故左、右阴茎海绵体比较分明(猫的阴茎体的正中隔不连贯,使其左、右阴茎海绵体融合为一体)。在尿道海绵体的中央有尿道阴茎部通过。

(3)阴茎头 犬有发达的阴茎头,其中含有等长的阴茎骨(由海绵体骨化而成),骨的腹面包有尿道,尿道和阴茎骨的外围包被阴茎皮肤。阴茎头的后端有膨大的龟头球,龟头球前伸的部分叫龟头突。

(二)包皮

从阴茎头的龟头球处皮肤双层折叠形成袖套状,称为包皮。包皮内层疏松地包着龟头球而紧密地包着龟头突。

猫的阴茎和包皮在机能上与犬基本相似。猫的阴茎头皮肤有角化刺,阴茎骨在幼猫体上仅为软骨。

六、尿生殖道

参见第六章第四节“公犬的尿道”。

七、性成熟与射精

(一)宠物的成熟过程

幼年宠物之所以不能生殖是因为它们的月龄还小,生殖器官尚在发育,机能也不齐备。但随月龄的增长，动物的生殖器官迅速生长，机能也趋于完善，母犬、母猫就开始出现发情现象，此时期称为母兽的“初情期”。步入初情期的母兽刚刚开始具有繁殖后代的能力，但生殖器官还未充分发育，机能也不完全，体重也仅仅达到成年体重的50%左右。与母兽的“初情期”同时期的公兽则刚刚开始出现性欲，但不能在性反射活动时发生射精。

随着月龄的增长，接踵初情期发展而来的是宠物的性成熟。性成熟是指公、母宠物的生殖器官和生殖机能已经达到成熟的时期。性成熟的标志是公兽的睾丸能生成精子并出现正常的性行为；母兽则是出现规律的发情周期。步入性成熟的宠物，生殖器官及其机能已经发育充分，但身体生长还未完成，体重仅仅达到成年体重的75%左右。性成熟的时间受很多因素影响，一般来说，小型犬为6～10月龄，大型犬为8～12月龄，母犬的性成熟稍早于公犬。公猫的性成熟为7～10月龄，母猫为6～8月龄。进入性成熟阶段的宠物，若马上开始生殖活动(公兽配种、母兽怀孕)，不仅会妨碍父、母体的继续发育，同时也影响子体的体重或引起品种退化。因此，应当等待犬、猫达到体成熟时再进行配种。

体成熟是指公、母宠物的所有器官和机能全部达到成熟的时期。体成熟的标志是宠物的体重和体长停止增长。总的来说，公犬的体成熟在24月龄左右，母犬在18月龄左右；公猫的适配期在12～18月龄，母猫在10～12月龄。

(二)射精

射精是公兽交配结束前，因腰荐脊髓射精中枢强烈的兴奋，引起附睾尾、输精管、副性腺、尿道和阴囊等器官发生强烈的分泌、蠕动和收缩，使附睾尾中的精子急速排入骨盆中的尿道，与此段管腔内的精清临时混合匀兑为精液。精液又受尿生殖道急速蠕动而引起精液射出体外或直接射到交配中的母兽阴道中的现象。公犬的射精过程一般较长。当公犬臀部反复晃动就发生第1次射精(含丰富精子)。射精后阴茎由于极度膨胀的龟头球被母犬前庭球和前庭缩肌“锁”在阴道内不能退出，所以公、母两犬出现持续5～45 min的“恋裆”；在此阶段中，公犬发生第2次射精(排出少量无精子的精液)。

公猫射精后，会迅速离开母猫，而母猫则舔舐其前肢、体躯和阴道等处至少5 min，此时母猫决不允许公猫再度爬跨，进行第2次交配。

附：犬、猫的雄性生殖器官解剖生理摘要

犬、猫的雄性生殖器官解剖生理摘要如表7-1所示。

表 7-1　犬、猫的雄性生殖器官解剖生理摘要

项目		犬	猫
睾丸	形态	呈卵圆形，长轴向背后方倾斜，呈灰色	呈卵圆形，长轴指向背后方
	大小	较小	较小
	位置	睾丸头在背后方	睾丸头位于后极
	特点	睾丸的纵隔较发达	—
附睾		较发达，位于睾丸背外侧，尾部无鞘膜	尾部位于睾丸前极下方
输精管		沿附睾内侧向前延伸，壶腹部较细	沿附睾内侧向前延伸，壶腹部较细
精索		精索较长，斜行于阴茎体两外侧，上细下粗，连于封闭的鞘环与睾丸附着缘之间	很长，在骨盆部腹侧可摸到
副性腺		仅由前列腺构成，无精囊和尿道球腺，前列腺腺体部发达	由前列腺和尿道球腺构成，后者如豌豆大
尿生殖道		分为尿道骨盆段、尿道球段和尿道阴茎段，尿道骨盆段易受前列腺体部压迫	分为尿道骨盆段、尿道球段和尿道阴茎段，尿道骨盆段易受前列腺体部压迫
阴茎	分段	分为阴茎根、阴茎体、阴茎头 3 段	分为阴茎根、阴茎体、阴茎头 3 段
	构造	阴茎头内有等长的阴茎骨，阴茎头由龟头球和龟头突构成，阴茎头固有膜中有丰富的感觉神经末梢	有阴茎骨，阴茎头皮肤有角化刺
包皮		呈筒状，包于阴茎头外围，双层皮肤折转于龟头球部	呈筒状，包于阴茎头外围，双层皮肤折转于龟头球部
阴囊		较小，位于肛门与两股之间，阴囊的颈部很短，阴囊底正中缝不明显	较小，位于包皮后背侧
生理要点	性成熟	小型犬：6～10 月龄 大型犬：8～12 月龄	公猫：7～10 月龄 母猫：6～8 月龄
	适配期	公犬：24 月龄 母犬：18 月龄	公猫：12～18 月龄 母猫：10～12 月龄

第二节　雌性生殖系统

犬、猫的雌性生殖系统由卵巢、输卵管、子宫、阴道、尿生殖前庭和阴门组成(图 7-5)。

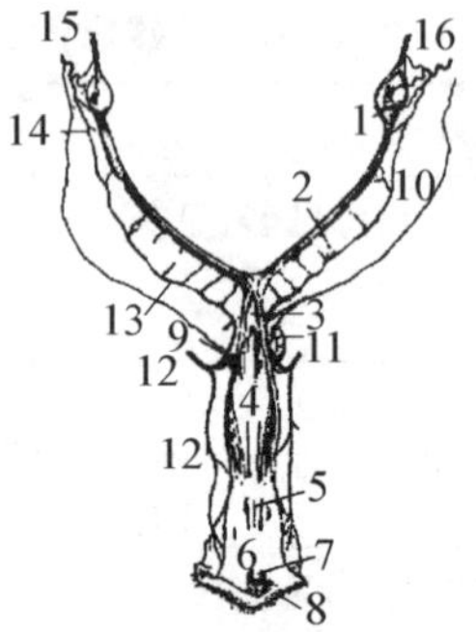

1.右卵巢　2.右子宫　3.子宫颈　4.阴道　5.尿道外口　6.阴道前庭
7.阴蒂　8.阴唇　9.背侧褶　10.子宫阔韧带　11.膀胱　12.阴道动脉
13.子宫动脉　14.卵巢动脉子宫支　15.卵巢动脉　16.卵巢系膜

图 7-5　母犬的生殖系统及其血管分布

卵巢是产生卵子和分泌雌激素的生殖腺;输卵管是输送卵子和卵子受精的管;子宫是孕育胎儿的场所;阴道是交配器官和产道;尿生殖前庭即是交配器官和产道,也是排尿通道。

一、卵巢

(一)卵巢的形态和位置

卵巢呈椭圆形,稍扁平。体积较小,犬的卵巢平均长度约为 2 cm,猫约为 1 cm。左、右卵巢紧贴两肾后端。右卵巢与十二指肠和右外侧腹壁接触,位于第 3～4 腰椎的腹侧。左卵巢与脾接触,位于第 4～5 腰椎的腹侧(图 7-6 和图 7-7)。

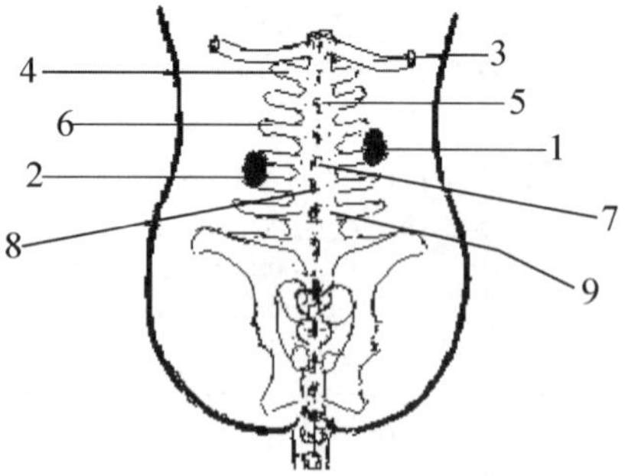

1.右卵巢　2.左卵巢　3.末肋　4.第 1 腰椎
5.第 2 腰椎　6.第 3 腰椎　7.第 4 腰椎
8.第 5 腰椎　9.第 6 腰椎

图 7-6　犬的卵巢的位置投影(背面观)

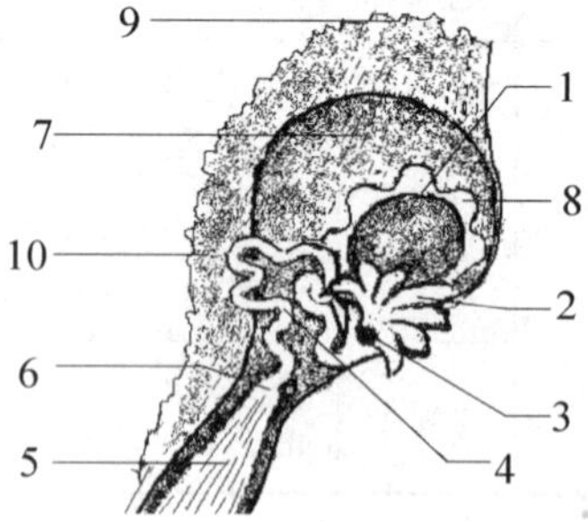

1.卵巢　2.输卵管伞　3.输卵管腹腔口　4.输卵管
5.子宫角　6.输卵管子宫口　7.卵巢囊
8.卵巢囊的裂口　9.卵巢系膜
10.输卵管系膜

图 7-7　犬的卵巢与卵巢囊的示意图

包围每只卵巢的囊称为卵巢囊,囊腹侧有裂口。囊的浆膜延展为卵巢系膜和输卵管系膜。

(二)卵巢的组织结构

卵巢由被膜、皮质和髓质3部分构成(图7-8)。

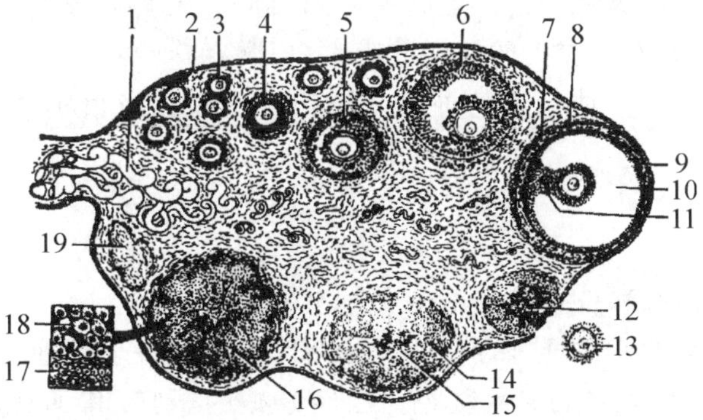

1.血管 2.生殖上皮 3.原始卵泡 4.初级卵泡 5,6.次级卵泡 7.卵泡外膜 8.卵泡内膜 9.颗粒层 10.卵泡腔 11.卵丘(成熟卵泡) 12.血体 13.排出的卵 14.正在形成的黄体 15.黄体中残留的凝血 16.黄体 17.膜黄体细胞 18.颗粒黄体细胞 19.白体

图7-8 卵巢结构模式图

1.被膜

被膜包括外表的生殖上皮和上皮下的白膜。

2.皮质

皮质包括卵泡、闭锁卵泡和黄体。

(1)卵泡 由卵母细胞和周围的卵泡细胞构成。按发育程度的不同,卵泡可分为原始卵泡、初级卵泡、次级卵泡和成熟卵泡。初级卵泡体积小、数量多,位于皮质浅层,由卵母细胞和周围的1层卵泡细胞构成,无卵泡腔;次级卵泡由卵母细胞和由卵泡细胞形成的卵泡腔、卵泡液、卵丘和颗粒层细胞构成;成熟卵泡体积大,数量少,突出于卵巢表面,由卵细胞、透明带、放射冠、卵泡腔、卵泡液、卵丘和颗粒细胞构成。

(2)闭锁卵泡 是退化卵泡形成的斑痕组织。正常情况下,绝大多数的初级卵泡和次级卵泡不能发育为成熟卵泡,它们或完全消失或形成闭锁卵泡。

(3)黄体 成熟卵泡破裂排卵后会伴有局部轻微出血,血液流入卵泡腔就形成红体。红体中的血液逐渐被毛细血管吸收,同时有黄体细胞增生,使该处颜色由红变黄就形成黄体。黄体属于内分泌腺,能分泌孕激素,使母犬维持妊娠。排出的卵子若未受精，黄体会逐渐被结缔组织替代，演变为瘢痕状的白体。

3. 髓质

髓质位于卵巢中心，由结缔组织、弹性纤维、血管、神经、淋巴管构成。

二、输卵管

输卵管是位于卵巢和子宫角之间的1对细管。其卵巢端呈漏斗状，漏斗边缘为输卵管伞，漏斗底部为较大的输卵管腹腔口。输卵管漏斗大部分位于卵巢囊内，小部分经卵巢囊的裂口伸到囊的外侧。输卵管子宫端经很小的子宫口与子宫角连通。

三、子宫

(一)子宫的形态和位置

子宫为一中空性肌质器官，前方接输卵管，后方开口于阴道。未妊娠的子宫大部分位于腹腔，仅子宫颈位于骨盆腔。已经妊娠的子宫，其子宫角增长、前伸，与胃、肝接触。在外观上有许多膨大部，里面含有胎儿，在相邻2个膨大部之间，由一细缩部分开(图7-9)。

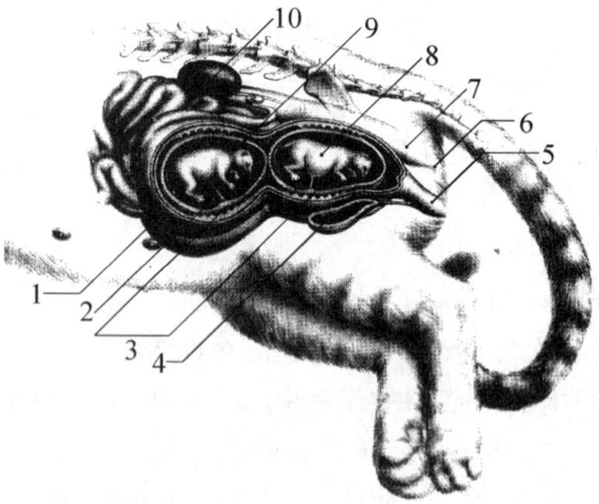

1. 子宫　2. 脐带　3. 带状胎盘　4. 膀胱　5. 阴道　6. 肛门
7. 直肠　8. 胎儿　9. 胎膜　10. 肾脏

图7-9　猫的子宫与胎儿

(二)子宫的构造

子宫由子宫角、子宫体和子宫颈3部分构成。犬的子宫角细而长，近似直线(中型为12～15 cm)，未孕时管径均匀，有孕时呈串珠状。两宫角分歧处呈V形。

犬的子宫体很短，中型犬为 2～3 cm。猫的子宫体长约 4 cm。犬的子宫颈很短，长约 1 cm，后端有圆柱状微突伸入阴道前端的凹陷内。子宫壁从内到外可分为内膜、肌层和浆膜 3 层。

四、阴道

阴道全部位于骨盆腔内，介于子宫颈与尿生殖前庭之间。前端在子宫颈阴道部后方有一小凹陷，后端以阴瓣（一道横行的黏膜褶）作为阴道与尿生殖前庭的分界标志。阴道壁可分为黏膜层、肌层和外膜 3 层。黏膜有许多纵褶并可产生分泌液。肌层可使阴道在交配时紧缩。

五、尿生殖前庭与阴门

（一）尿生殖前庭

尿生殖前庭是阴道和尿道向后共同通向阴门的过渡通道。前端经阴瓣与阴道相通，前下方经阴瓣后下方的尿道外口与尿道相通，后端经阴门与外界相通。尿生殖前庭壁有前庭小腺、前庭小球和前庭缩肌，交配中可润滑阴茎，将阴茎“锁住”在阴道内。

尿生殖前庭有交配、产道和排尿功能。

（二）阴门

阴门为生殖道末端部，位于肛门下方。

附：犬、猫的雌性生殖器官解剖生理摘要

犬、猫的雌性生殖器官解剖生理摘要如表 7-2 所示。

表 7-2　犬、猫的雌性生殖器官解剖生理摘要

项目		犬	猫
卵巢	形状	椭圆形，稍扁平	椭圆形，稍扁平
	大小	平均长度约为 2 cm	长约 1 cm
	位置	（小型犬）紧邻同侧肾的后端，（大型犬）距同侧肾后端 1～2 cm 处	位置与犬的卵巢位置类似
	特点	非动情期，卵巢全被包与卵巢囊内	非动情期，卵巢全被包与卵巢囊内

续表 7-2

项目		犬	猫
输卵管		输卵管伞和前段输卵管全在卵巢囊内,后段绕行到卵巢囊外	输卵管伞和前段输卵管全在卵巢囊内,后段绕行到卵巢囊外
子宫	子宫角	左、右宫角分歧处呈 V 形,每个宫角细直而长,未孕时近似直线,怀孕时形似串珠,衬有单层柱状纤毛上皮,腺体发达	左、右宫角分歧处呈 V 形,每个宫角细直而长,未孕时近似直线,怀孕时形似串珠,衬有单层柱状纤毛上皮,腺体发达
	子宫体	短小(小型犬长约 1 cm,中型犬长 2～3 cm),衬单层柱状纤毛上皮	平均长约 4 cm
	子宫颈	很短(长约 1 cm),肌层发达,衬有复层扁平上皮	很短(长约 1 cm),肌层发达,衬有复层扁平上皮
阴道		较长(大型犬长约 9 cm),有阴瓣作为阴道和尿生殖前庭的分界	较长(大型犬长约 9 cm),有阴瓣作为阴道和尿生殖前庭的分界
尿生殖前庭		有发达的前庭小腺和前庭肌,但缺前庭大腺,尿道外口于阴门间有小凹陷	有发达的前庭小腺和前庭肌,但缺前庭大腺,尿道外口于阴门间有小凹陷
阴门		阴唇较厚,腹联合较尖锐,其前部内腔有阴蒂头和阴蒂窝	阴唇较厚,腹联合较尖锐,其前部内腔有阴蒂头和阴蒂窝
乳腺		5 对,乳头较短,每个乳腺有 6～8 个导管	4～5 对,2 对位于胸部,3 对位于腹部
性生理要点	初情期	6 月龄;产仔数月后,再次发情	5～9 月龄
	发情季节	春季和秋季,每季只有 1 个发情周期	春、秋季多次发情
	发情持续期	3～10 d	4 d,无公猫交配时,发情期持续到 9～10 d
	排卵	诱发排卵(交配后 20～30 h 排卵),发情后第 3～4 d 排卵,每次排 1～8 个卵	诱发排卵(交配后 27 h 排卵),发情后第 3～4 d 排卵,每次排 4～5 个卵
	怀孕期	59～65 d,平均 62 d	55～60 d,平均 58 d
	产仔数	1～5 个	3～5 个

本章小结

- 生殖系统
  - 雄性生殖系统
    - 睾丸和附睾
      - 睾丸
        - 睾丸的位置、形态和大体结构
        - 睾丸的组织结构
      - 附睾
    - 阴囊:由皮肤、肉膜、筋膜和总鞘膜构成
    - 输精管和精索
    - 副性腺
    - 阴茎和包皮
    - 尿生殖道
  - 雌性生殖系统
    - 卵巢
      - 卵巢的形态和位置
      - 卵巢的组织结构
    - 输卵管
    - 子宫
      - 子宫的形态和位置
      - 子宫的构造
        - 子宫角
        - 子宫体
        - 子宫颈
    - 阴道
    - 尿生殖前庭和阴门

技能训练

一、犬的生殖器官的识别

【目的要求】掌握公、母犬的生殖系统各器官的形态、位置和构造，并了解器官

间的相互关系。

【材料设备】犬的新鲜尸体或犬生殖器官浸泡标本，解剖器械。

【方法步骤】在犬的新鲜尸体或标本上，识别公、母犬的生殖系统各器官的组成、形态、位置和构造，并了解各器官间的相互关系。

【技能考核】在犬的新鲜尸体或犬的生殖器官浸泡标本上识别出公、母犬的生殖系统各器官的形态、位置和构造。

二、性腺组织结构的识别

【目的要求】掌握睾丸和卵巢的组织结构。

【材料设备】生物显微镜、睾丸和卵巢组织切片；幻灯机、睾丸和卵巢组织幻灯片。

【方法步骤】

①睾丸和卵巢组织结构的幻灯片演示；

②镜下识别睾丸曲精小管中的各生精细胞、支持细胞和睾丸间质中的间质细胞；

③镜下识别卵巢皮质中的各级卵泡、黄体和闭锁卵泡。

【技能考核】镜下识别出睾丸组织切片上的各生精细胞和卵巢组织切片上的各级卵泡。

复习思考题

1.解释名词：性成熟；体成熟；卵巢囊；生精细胞；射精；初情期；睾丸网；卵泡；黄体。

2.填空

(1)精子由睾丸中的________生成，睾丸中分泌雄性激素的细胞是________。

(2)阴囊壁由外向内分为________、________、________和________层。

(3)子宫可分为________、________和________3部分。

(4)卵泡是由位于中央的________和围绕在其周围的________组成。

(5)犬的妊娠期平均为________d，猫的为________d。

(6)性成熟的标志是母犬能产生________，并出现________症状；公犬能产生________，并有性欲要求。

(7)犬的副性腺仅由________组成，猫的副性腺包括________和________。

3.问答题

(1)雄、雌性生殖系统各由哪些器官组成？各器官有何作用？

(2)说明睾丸的组织结构及精子的生成。

(3)说明卵巢的组织结构及卵子的生成。

第八章　心血管系统

知识目标：掌握心脏的位置和心腔的结构；了解心脏传导系统和神经；掌握体循环和肺循环的概念；了解胎儿循环的特征。

技能目标：掌握常用于静脉注射的血管和部位。

心血管系统是一个密闭的管道系统。这个管道系统内含有血液，在心脏和血管搏动的推动下，能周而复始不停地在动物机体的心血管中循环流动。

心血管系统的主要机能就是血液运输的动力和血液流动的径路。

心血管系统由心脏、血管（包括动脉、毛细血管和静脉）和血液组成。

第一节　心　　脏

心脏是血液循环的动力器官，在神经体液调节下，进行有节律地收缩和舒张，从而使血液按一定方向流动。

一、心脏的位置和形态

心脏为中空的肌质器官，外被心包包裹，位于胸腔纵隔内，夹于左、右两肺之间，略偏左侧。

动物的心脏呈左、右稍扁的圆锥体，上部宽大，为心基。心基部与大血管相连，位置固定。其余部分则游离于心包中，其下部尖，为心尖。心脏前缘凸，后缘短而直（图 8-1 至图 8-3）。

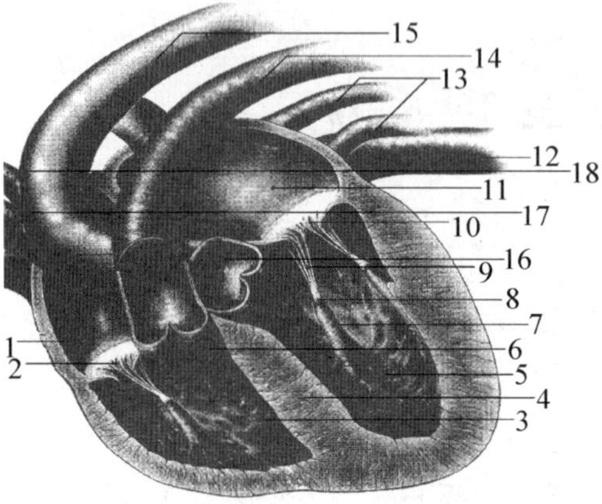

1.右心房 2.三尖瓣 3.右心室 4.室间隔 5.左心室 6.肺动脉瓣 7.乳头肌 8.主动脉瓣 9.腱索 10.二尖瓣 11.左心房 12.后腔静脉 13.肺静脉 14.肺动脉 15.主动脉 16.前腔静脉 17.头臂动脉 18.左锁骨下动脉

图 8-1 犬的心脏的构造

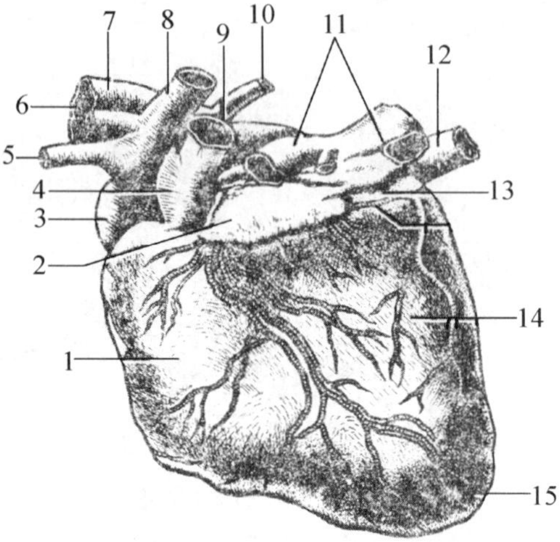

1.右心室 2.左心房 3.右心房 4.肺动脉 5.臂头动脉 6.左锁骨下动脉 7.前腔静脉 8.主动脉 9.肺动脉 10.奇静脉 11.肺静脉 12.后腔静脉 13.左冠状动脉 14.左心室 15.心尖

图 8-2 犬的心脏(左侧面)

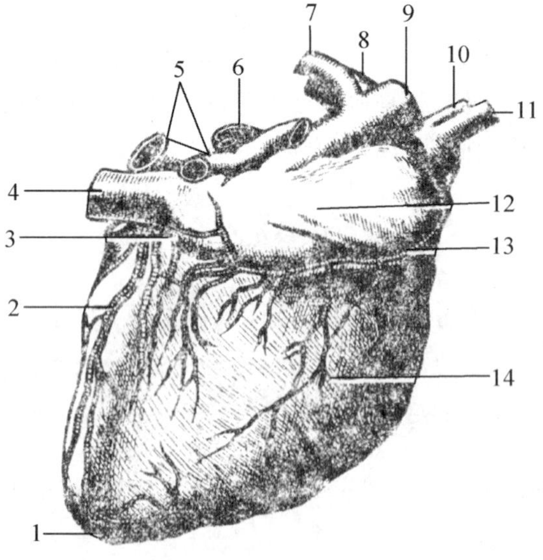

1.心尖 2.左冠状动脉 3.冠状窦 4.后腔静脉 5.肺静脉 6.肺动脉 7.奇静脉 8.主动脉 9.前腔静脉 10.左锁骨下动脉 11.臂头动脉 12.右心房 13.右冠状动脉 14.右心室

图 8-3 犬的心脏(右侧面)

在心脏的表面，近心基处有冠状沟，是心房和心室的外表分界。沟的上部为心房，下部为心室。在心的左侧面和右侧面，分别有一左纵沟和一右纵沟。左纵沟位于左前方，自冠状沟向下伸延，大致与心脏的后缘平行，不达心尖。右纵沟位于右后方，自冠状沟向下伸延至心尖。左、右纵沟是左、右心室的外表分界，两沟前部为右心室，后部为左心室。在冠状沟和左、右纵沟内有营养心脏的血管并有脂肪填充，称为冠状沟脂肪囊。中型犬的心脏重约 150 g，相当于体重的 1%左右，一般猎犬的心脏相对比较大一些。而运动少、又富有脂肪的犬，其心重仅为体重的 0.5%。心在胸腔内处于第 3～7 肋骨处，左右不对称，心尖朝向后下方，且略偏向左方，可达第 6～7 肋软骨(甚至到第 8 肋骨处)。听心音的最佳部位为站立姿势下的左侧第 5 或第 6 肋间隙的腹侧。

猫的心脏侧面和背面大部分被肺所覆盖，前端的腹面有胸腺。心脏大约在第 4 或第 5 肋骨直至第 8 肋骨之间，其心尖部稍向左偏并与膈相邻。

二、心腔的构造

心腔以房中隔和室中隔，分为右心房、右心室、左心房和左心室 4 个腔。同侧的心房和心室各以房室口相通；而左、右心房和左、右心室互不相通(图 8-4 和图 8-5)。

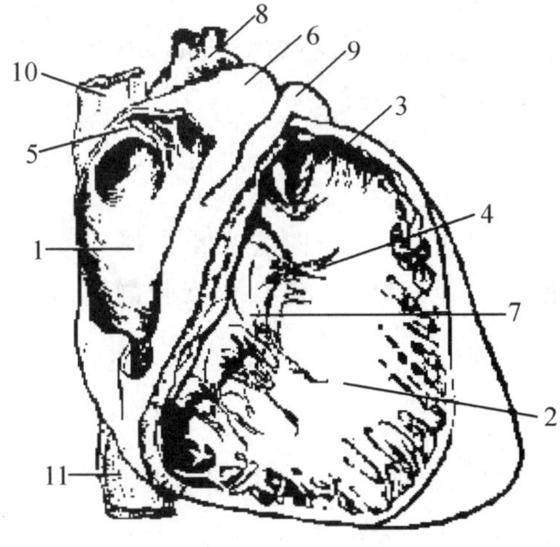

1. 右心房　2. 右心室　3. 肺动脉半月瓣　4. 乳头肌　5. 梳状肌　6. 右心耳　7. 右房室瓣　8. 主动脉　9. 肺动脉　10. 前腔静脉　11. 后腔静脉

图 8-4　犬的右心房和右心室

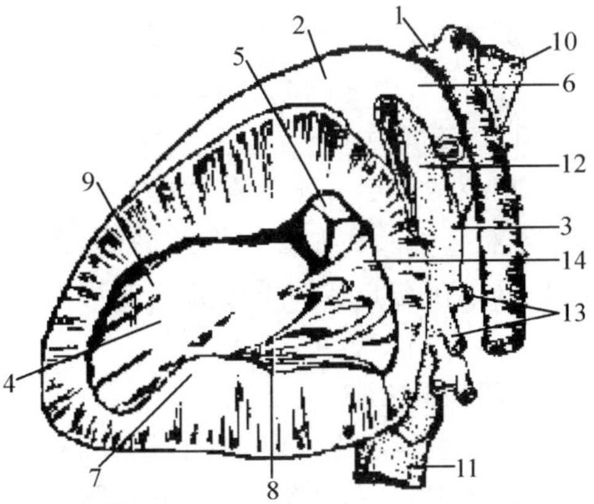

1. 主动脉弓　2. 右心室　3. 左心房　4. 左心室　5. 主动脉半月瓣　6. 肺动脉　7. 乳头肌　8. 腱索　9. 室中隔　10. 前腔静脉　11. 后腔静脉　12. 左心耳　13. 肺静脉　14. 左房室瓣

图 8-5　犬的左心房和左心室

(一)右心房

右心房位于心基的右前部,壁薄而腔大,由右心耳和静脉窦构成。右心耳呈圆锥状盲囊。

静脉窦是静脉的入口部,接受全身(除肺静脉外)的静脉血。而前、后腔静脉分别开口于右心房的背侧壁和后壁,两开口之间有发达的静脉间嵴,有分流前、后腔静脉血液及避免互相冲击的作用。在后腔静脉入口附近的房中隔上,有卵圆窝,是胚胎期卵圆孔的遗迹。在右心房的下方有一右房室口,通右心室。

(二)右心室

右心室构成心的右前部,室壁较左心室薄,室腔不达心尖。其上方有两个口:前口较小,为肺动脉口;后口较大,为右房室口。

(1)右房室口　是右心室的入口,其周缘附有2个大瓣膜和3～4个小的瓣膜,称右房室瓣,其游离缘向下垂入心室并有数条纤细的结缔组织腱索连接到心室壁的乳头肌上。当心室收缩时,心室内压升高,血液将瓣膜向上推,使其相互合拢,关闭房室口。由于腱索的牵拉,瓣膜不致翻向右心房,以防止血液倒流回右心房。

(2)肺动脉口　为右心室的出口,口的周缘附着3个半月形的瓣膜,称半月瓣。瓣膜的凹面向着肺动脉。当心室舒张时,室内压降低,进入肺动脉的血液倒流,充满半月瓣的凹陷,关闭肺动脉口,以防止血液倒流回心室。

此外,在室中隔上有横过室腔走向室侧壁的心横肌,当心室舒张时,有防止其过度扩张的作用。心横肌内有心传导系统房室束分支通过。

(三)左心房

左心房位于心基的左后部。其构造与右心房相似,有一向前突出的圆锥状盲囊,为左心耳。在左心房壁的后部,犬一般有6个肺静脉口,猫有3支肺静脉进入左心房。在左心房的下方有一左房室口,通左心室。

(四)左心室

左心室位于左心房腹侧,构成心室的左后部。室壁很厚,室腔伸达心尖,其上方也有2个孔:前孔较小,为主动脉孔;后孔较大,为左房室孔。

(1)左房室口　为左心室的入口,其上面有2个大瓣膜和4～5个小瓣膜,称左房室瓣,其构造和作用同右房室瓣。

(2)主动脉孔　为左心室的出口,口的周缘附有3个半月瓣,其形态和作用与肺动脉半月瓣相同。左心室内也有心横肌。

三、心壁的构造

心壁分 3 层：外层为心外膜，中层为心肌，内层为心内膜。

（一）心外膜

心外膜即心包的浆膜脏层，紧贴在心肌表面，由间皮和结缔组织构成，血管、淋巴管和神经等沿心外膜的深面伸延。

（二）心肌

心肌为心壁最厚的一层，主要由心肌纤维构成，内有血管、淋巴管和神经等。心肌被房室孔的纤维环分为心房和心室 2 个独立的肌系，因此心房和心室可分别收缩和舒张。由于功能不同，各腔壁肌层厚薄不一。心房肌较薄，心室肌层较厚，左心室肌层最厚。

（三）心内膜

心内膜薄而光滑，紧贴在心房和心室壁的内表面，与血管的内膜相延续，其深面有血管、淋巴管、神经和心传导纤维等。心脏的瓣膜就是由心内膜褶皱而形成的双层结构，中间夹一层致密结缔组织所构成。

四、心脏的血管

心脏本身的血液循环，称为冠状循环。心脏血管主要包括冠状动脉、毛细血管和静脉。

（一）冠状动脉

冠状动脉分为左、右 2 支，左、右冠状动脉分布于心房肌和心室肌，在肌层中形成丰富的毛细血管网。

（二）心静脉

心脏的静脉包括心大静脉、心中静脉、心小静脉。心大静脉伴随左冠状动脉伸延，最后开口于右心房。心中静脉（犬有 2 条）伴随右冠状动脉伸延，在右纵沟起始部注入心大静脉。数支心小静脉，直接开口于右心房。

五、心脏的传导系统和神经

(一)心脏的传导系统

心脏的传导系统由特化的心肌纤维构成,其主要功能是产生并传导心搏动的冲动到整个心脏,来协调心房肌和心室肌按一定的顺序进行舒缩,维持心脏正常活动的节律性。心传导系统包括窦房结、结间束、房室结、房室束及蒲肯野氏纤维(图 8-6)。

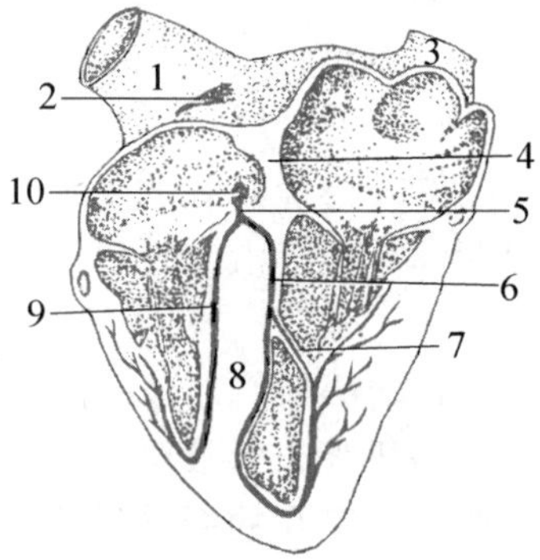

1. 前腔静脉 2. 窦房结 3. 后腔静脉 4. 房中隔 5. 房室束 6. 房室束的左脚 7. 心横肌 8. 室中隔 9. 房室束的右脚 10. 房室结

图 8-6 心的传导系统示意图

(1)窦房结 是心脏正常的起搏点,位于前腔静脉和右心耳之间的心外膜下。

(2)结间束 是连接窦房结与房室结的纤维束。

(3)房室结 位于房中隔右房侧的心内膜下,右冠状窦的前方,色稍淡。

(4)房室束 为房室结的直接延续,它在室中隔上部,分为一较细的右束支和一较粗的左束支,后者穿过室中隔。左、右束支分别在室中隔的左室侧和右室侧的心内膜下伸延。

(5)蒲肯野氏纤维 就是房室束分出许多小的分支分布于室中隔,并通过心横肌分布到左、右心室的侧壁。上述小分支在心内膜下分散成蒲肯野氏纤维,与普通心肌纤维相连接。

(二)心脏的神经

心脏的神经有交感神经和副交感神经。交感神经兴奋时能使窦房结发生的搏动频率增加,房室束传导速度加快,房室肌收缩力量增强,称为心兴奋神经。副交感神经兴奋时作用恰好相反,称为心抑制神经。

心的感觉神经分布于心壁各层,其纤维随同迷走神经和交感神经进入脑和脊髓。

六、心包

心包为包围心脏周围的锥形囊,其囊壁由浆膜和纤维膜构成,起保护心脏的作用。浆膜分壁层和脏层,壁层的外面围纤维膜,在心基部和大血管根部折转移行为脏层。脏层紧贴于心脏的外表面,构成心外膜。在壁层和脏层之间的空隙,称为心包腔,内有少量浆液,称为心包液,起润滑作用,以减少心搏动时的摩擦。

纤维膜为一层坚韧的结缔组织膜,在心基部与出入心脏的大血管的外膜相连,在心尖部折转而附着于胸骨背侧壁，与心包胸膜共同构成胸骨心包韧带，将心包固着于胸骨上。

心包位于纵隔内，被覆在心包外的纵隔胸膜，称为心包胸膜。

七、心脏的功能

心脏是血液循的动力部分。心脏在血液循环中相当于 1 个“动力泵”，其瓣膜装置类似泵的“阀门”，在心房和心室进行有节律地交替收缩和舒张的过程中，它们可以顺血流而开张，逆流血而关闭，从而保证了血液在心腔内按着一定方向流动。

心房收缩时，心室舒张。这时房内压大于室内压，推开左、右房室瓣，左、右心房内的血液分别经左、右房室口流入左、右心室。与此同时，肺动脉和主动脉内的压力大于室内压，将半月瓣关闭，动脉内的血液不会倒流回心室。

心室收缩时，心房舒张，室内压大于房内压，压迫左、右房室瓣，关闭房室口，使心室的血液不致逆流回心房；同时，心室内的压力大于主动脉和肺动脉，从而推开半月瓣，将左、右心室的血液分别压入主动脉和肺动脉内。在心房舒张时，前、后腔静脉和肺静脉的血液分别进入右、左心房内。

由于心室、心房的交替收缩和舒张，使血液在心血管系统中按一定方向循环。根据血液在心血管系统内流动的路径，可将其分为体循环和肺循环，这 2 个循环是整个血液循环中不可分割的 2 部分，它们通过心脏互相连续，循环往复，共同完成机体的运输功能。

第二节　血　　管

一、血管的种类和构造

血管是血液流通的管道，根据其结构和机能的不同可分为动脉、静脉和毛细血管 3 种。

(一)动脉

凡是输送血液出心脏的血管称为动脉。动脉的特点是管壁厚、富弹性，管腔空虚时不塌陷，血管破裂时，血液呈喷射状流出。其管壁分为 3 层：外层为结缔组织构成，称为外膜；内层由内皮细胞、薄层胶质纤维和弹性纤维组成，称为内膜；中层由平滑肌、弹性纤维和胶质纤维组成，称为中膜。由于动脉的口径大小差异很大，所以其结构中各种组织之间的比例也有很大差别。其中大动脉的管壁以弹性纤维为主，因而有较大弹性，可以承受心脏射血时的巨大压力，使血压不致过度升高，且能将心脏射出的血液变成连续的血流。从中动脉到小动脉,管壁的弹性纤维逐渐减少,平滑肌逐渐增加,到小动脉时则以平滑肌为主。

(二)静脉

凡是输送血液回心脏的血管称为静脉。其构造与动脉相似,也分为3层,但中膜很薄,弹性纤维不发达,外膜较厚。静脉管壁薄,易塌陷,比同名动脉的口径大,出血时不喷射,大部分静脉特别是分布在四肢的静脉,内膜折叠成成对的半月状静脉瓣,可防止血液逆流。

(三)毛细血管

毛细血管是连接于动脉和静脉之间的微细血管。短而密,互相吻合成网。管壁非常薄,仅由1层内皮细胞组成。最小的毛细血管管壁甚至仅有1～2个内皮细胞围成。管壁具有很大的通透性,是血液和组织间液及细胞进行物质交换的主要场所,素有交换血管或营养血管之称。另外,位于肝、脾、骨髓等处的毛细血管,管腔大而不规则,能容纳较多的血液。有些内皮细胞还具有吞噬能力,这种毛细血管成为血窦。血窦内血流缓慢,有利于吞噬作用的发挥。

二、肺循环的血管

肺循环是从右心室开始的。当心室收缩时,从右心室输出经肺动脉,到达肺泡周围的毛细血管,在此进行气体交换,变成了动脉血,然后经肺静脉回流入左心房,由于血液沿上述途径循环的路径较近,所以又称小循环(图8-7)。

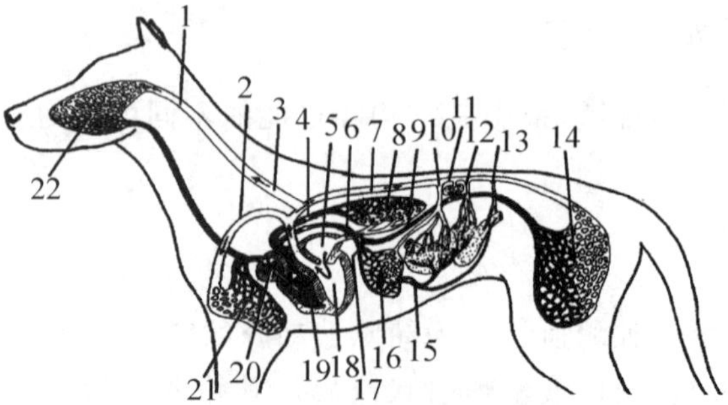

1.颈总动脉 2.左锁骨下动脉 3.臂头动脉 4.肺动脉 5.左心房 6.肺静脉 7.胸主动脉 8.肺毛细血管 9.后腔静脉 10.腹腔动脉 11.腹主动脉 12.肠系膜前动脉 13.肠系膜后动脉 14.骨盆部和后肢的毛细血管 15.门静脉 16.肝毛细血管 17.肝静脉 18.左心室 19.右心室 20.右心房 21.前肢毛细血管 22.头颈部毛细血管

图8-7 成年犬的血液循环模式图

肺循环的血管包括肺动脉、毛细血管和肺静脉。

(一)肺动脉

肺动脉起于右心室,在主动脉的左侧向后向上伸延,至心基的后上方分为左、右2支,分别与左、右支气管一起经肺门入肺。在肺内随支气管而分支,最后在肺泡周围形成毛细血管网,在此进行气体交换。

(二)肺静脉

肺静脉由毛细血管网汇合而成,随肺动脉和支气管而行,最后汇合成数支(犬的肺静脉一般为6支;猫的肺静脉分3组进入左心房,第1组来自右肺的前叶和中央叶,第2组来自左肺相应的叶,第3组来自肺的尾叶,每组由2～3条静脉组成),由肺门出肺后注入左心房。

三、体循环的血管

体循环是从左心室开始的。当心室收缩时,从左心室将含有丰富的氧和营养物质的动脉血输出,经主动脉及其分支,送至全身各部毛细血管,进行组织内气体交换和物质交换,使动脉血变成了含有组织代谢产物和二氧化碳较多的静脉血,再经各级静脉,最后主要汇合成前、后腔静脉,注入右心房。由于血液沿上述途径循环的路径较远,所以又称为大循环(图8-7)。

体循环的血管也包括动脉、毛细血管和静脉。

(一)动脉

1.主动脉

主动脉为体循环动脉的总干,起于左心室,向后方形成1个弯曲的弓形,称为主动脉弓,在其根部发出左、右冠状动脉后,向后移行为胸椎腹侧的胸主动脉,穿过膈的主动脉裂孔至腹腔,称为腹主动脉。腹主动脉在第5,6腰椎腹侧分为左,右髂外动脉和左、右髂内动脉,其主干移行为荐中动脉和尾中动脉。

2.胸腔内的动脉

在主动脉弓根部发出左、右冠状动脉,顶部有2个大血管分支。第1个大的分支偏向右侧,称为臂头动脉;第2个分支较小,偏向左侧,称为左锁骨下动脉。

(1)臂头动脉　向前行,分出左颈总动脉和右颈总动脉,其主干绕过第1肋骨成为右锁骨下动脉(右臂动脉),出胸腔后进入右前肢。

(2)左锁骨下动脉　绕过第1肋骨出胸腔,进入左前肢。

(3)胸主动脉　为主动脉弓向后的延续，在胸椎腹侧稍偏左，分出下列分支：

①肋间动脉：犬的肋间动脉为 9 对或 10 对，分布于脊髓和脊柱背侧的肌肉和皮肤，以及胸侧壁的肌肉和皮肤。

②支气管食管动脉干：很短，在第 6 胸椎处自胸主动脉分出，立即分为 1 支气管动脉和 1 支食管动脉，分别分布于肺内支气管和食管。

3. 头颈部的动脉

颈总动脉：双侧颈总动脉分别在左、右颈静脉沟深层向前延伸，在环椎翼下分出枕动脉、颈内动脉和颈外动脉。

4. 前肢的动脉

前肢的动脉分布于前肢的动脉是由锁骨下动脉延伸而来(图 8-8)。

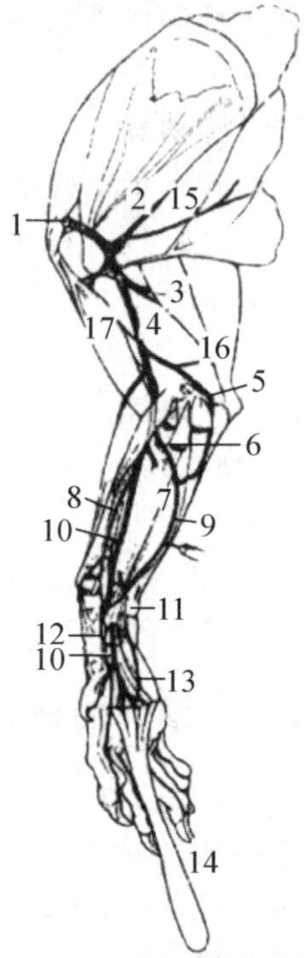

1. 腋动脉　2. 胸廓外动脉
3. 臂深动脉　4. 臂动脉
5. 尺侧副动脉　6. 骨间总动脉
7. 掌心深动脉　8. 桡骨动脉
9. 尺骨动脉　10. 正中动脉
11. 副腕骨　12. 掌心深动脉弓
13. 掌心浅动脉弓
14. 切断的指浅屈肌
15. 大圆肌　16. 臂三头肌
17. 臂二头肌

图 8-8　犬的前肢动脉分布模式图

5. 腰腹部的动脉

(1)腹主动脉　为腰腹部的动脉主干，位于腰椎腹侧，向后伸延到第 5，6 腰椎处分为左、右髂外动脉和左、右髂内动脉。

腹主动脉有 2 类分支，一类为壁支，即成对的腰动脉，分布于腰腹部肌肉、皮肤和脊髓；另一类为脏支，分布于脏器，由前向后依次为腹腔动脉、肠系膜前动脉、肾动脉、肠系膜后动脉、睾丸动脉或子宫卵巢动脉。其中肾动脉和睾丸动脉或子宫卵巢动脉是成对的。

(2)腹腔动脉　主动脉穿过膈肌进入腹腔后，发出腹腔动脉。它分支分布于胃、肝、脾、胰等。

(3)肾动脉　是 1 对比较大的动脉，分为左、右 2 支，分布于肾和肾上腺。

(4)睾丸动脉或子宫卵巢动脉　左右各有 1 支，在雄性犬体内，分布于睾丸及附睾。在雌性犬体内，分布于卵巢、输卵管和子宫角的前部。

(5)肠系膜后动脉　为一单支动脉，分布于结肠末端部和直肠的前部。

6. 骨盆部和尾部的动脉

左、右侧的髂内动脉是骨盆部和尾部动脉的主干，分支分布于骨盆腔器官、荐臀部和尾部的肌肉和皮肤。

7. 后肢的动脉

分布于后肢的动脉是髂外动脉，髂外动脉是自腹主动脉分出的 1 对血管，位于髂内动脉起始部的前方（图 8-9）。

（二）静脉

1. 前腔静脉系

前腔静脉主要汇集头颈部、前肢和胸壁静脉的血液，在胸前口处由左、右腋静脉和左、右颈静脉汇合而成，位于气管和臂头动脉总干的腹侧，在纵隔内向后伸延，注入右心房（图 8-10）。

颈外静脉：颈外静脉为颈静脉主干，也是颈部的主要静脉。它由颌内静脉与颌外静脉在颌下腺的后缘处汇合而成。每侧颈外静脉沿着颈部胸头肌下行，仅被皮肤和皮肌覆盖，下行至颈后部穿过第 1 肋骨，至锁颈肌下方与颈内静脉相汇，再与前肢的臂静脉汇合成臂头静脉。此外，左右两侧颈外静脉在环状软骨下方，常有一横支相连。

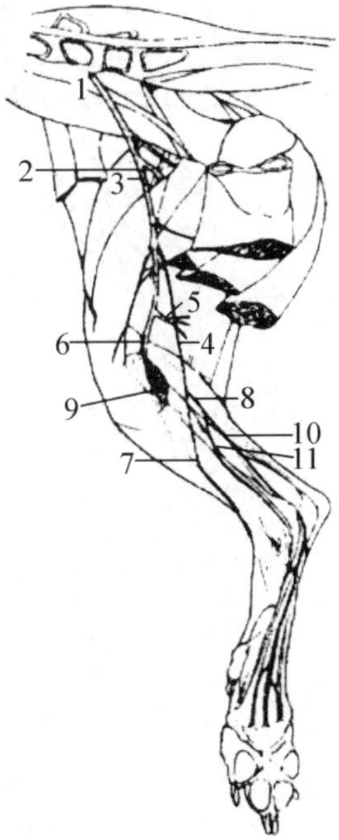

1. 髂外动脉　2. 股深动脉
3. 股动脉　4. 隐动脉
5. 股后动脉　6. 腘动脉
7. 隐动脉的背侧支
8. 隐动脉的跖侧支
9. 胫前动脉　10. 足底外侧动脉
11. 足底内侧动脉

图 8-9　犬右后肢的主要动脉（内侧观）

2. 后腔静脉系

后腔静脉收集后肢、骨盆壁、骨盆腔器官、腹壁、腹腔器官和膈的静脉血液，在骨盆入口处由左、右髂总静脉汇合而成，沿腹主动脉右侧向前伸延，经过肝的腔静脉窝（在此处接受肝静脉），穿过膈的腔静脉孔进入胸腔内，经右肺心膈叶和副叶之间入右心房。后腔静脉在向前伸延途中，接受腰静脉、睾丸静脉或子宫卵巢静脉、肾静脉和肝静脉的血液（图 8-10）。

3. 门静脉

门静脉是腹腔内较大的静脉，收集胃、小肠、大肠（除直肠后部外）、胰和脾等处的静脉血液。门静脉与肝动脉一起经肝门入肝，在肝内反复分支汇入窦状隙，最后又集合为数支肝静脉注入后腔静脉。由此可见，门静脉与一般静脉不同，一般静脉由许多小静脉合成一主干后，不再进行分支，而门静脉则是介于两端小静脉之间的静脉干（图 8-10）。

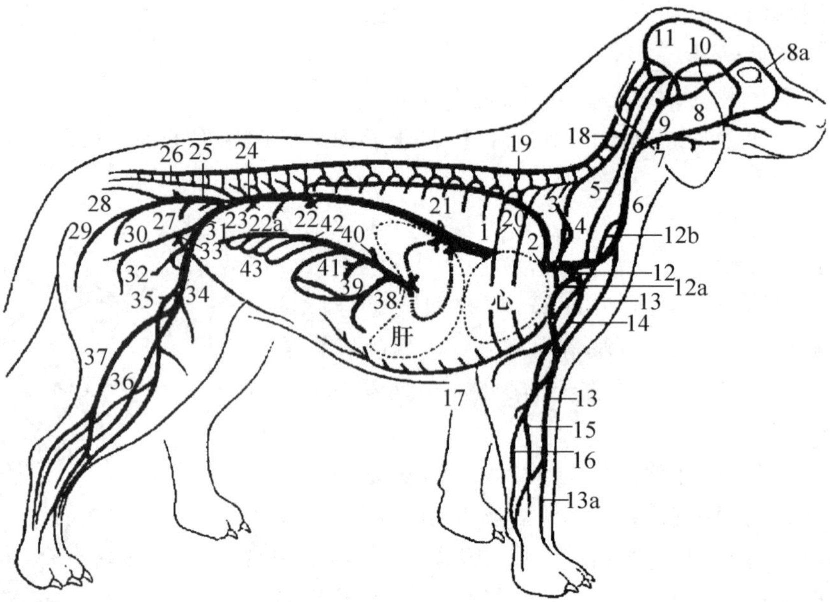

1.后腔静脉 2.前腔静脉 3.奇静脉 4.椎静脉 5.颈内静脉 6.颈外静脉 7.舌面静脉 8.面静脉 8a.眼角静脉 9.颌内静脉 10.颞浅静脉 11.背侧矢状静脉窦 12.锁骨下静脉 12a.腋臂静脉 12b.肩胛臂静脉 13.头静脉 13a.副头静脉 14.臂静脉 15.桡骨静脉 16.尺骨静脉 17.胸内静脉 18.椎骨静脉丛 19.椎骨间静脉 20.肋间静脉 21.肝静脉 22.肾静脉 22a.睾丸或卵巢静脉 23.旋髂深静脉 24.髂总静脉 25.右髂内静脉 26.荐中静脉 27.前列腺或阴道静脉 28.尾外侧静脉 29.臀后静脉 30.阴部内静脉 31.右髂外静脉 32.股深静脉 33.阴部腹壁静脉 34.股静脉 35.内侧隐静脉 36.胫前静脉 37.外侧隐静脉 38.门静脉 39.胃十二指肠静脉 40.脾静脉 41.肠系膜后静脉 42.肠系膜前静脉 43.空肠静脉

图 8-10 犬的静脉系

在兽医临床上常选择位置较固定,比较明显和比较直的位于皮下的浅层静脉,做静脉注射和采血。常用的有:

(1)头静脉 位于前臂外侧皮下。

(2)外侧隐静脉 位于小腿外侧皮下。

(3)颈静脉 位于颈静脉沟内。

(4)耳静脉 位于耳廓的浅静脉。

(5)乳静脉 位于乳房皮下。

四、胎儿血液循环的特点

胎儿在出生前所需营养物质的供应和代谢产物的排出,均通过胎盘交换来完成(图 8-11)。因此,胎儿的血液循环具有下列特点。

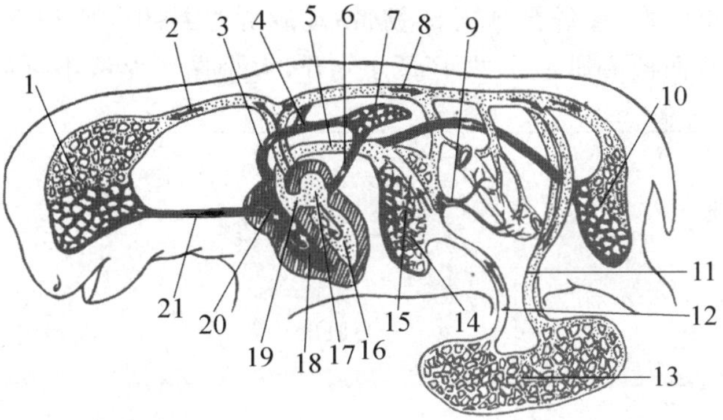

1.身体前部毛细血管 2.走向身体前部的动脉 3.肺动脉 4.动脉导管 5.后腔静脉 6.肺静脉 7.肺毛细血管 8.主动脉 9.门静脉 10.身体后部毛细血管 11.脐动脉 12.脐静脉 13.胎盘毛细血管 14.肝毛细血管 15.静脉导管 16.左心室 17.左心房 18.右心室 19.卵圆孔 20.右心房 21.前腔静脉

图 8-11 胎儿血液循环模式图

①胎儿和母体进行物质交换的特有器官是胎盘,胎盘借脐带和胎儿连接起来。脐带内有 2 条脐动脉和 1 条脐静脉。

脐动脉是由髂内动脉分出,沿膀胱侧韧带伸向脐孔,经脐带而进入胎盘,在胎盘上分支形成毛细血管网,与母体子宫黏膜血管进行物质交换(即将胎儿代谢中的废物交给母体并从母体接受丰富的营养物质和氧气),交换后的毛细血管汇集成脐静脉,经脐带进入胎儿腹腔,与门静脉相连接入肝。而后通过肝静脉出肝脏进入后腔静脉。因此,胎儿的后腔静脉血中含有丰富的营养物质和氧气。

②心脏的房中膈上有一卵圆孔,沟通左心房和右心房。在卵圆孔上有瓣膜,使血液只能由右心房流向左心房。

③在肺动脉与主动脉之间有 1 条短的动脉导管,可使肺动脉的大部分血液直接流向主动脉,进而直接流向胎儿全身。

④上述胎儿循环的结构特征,使得胎儿血流循环的血液,大部分呈现混合血,但混合的程度不同。首先由于脐静脉最后连通在后腔静脉上,而后腔静脉血进入右心房后,大部分又通过卵圆孔进入了左心房—左心室—主动脉,而小部分血液虽然进入了右心室—肺动脉,但这时因胎儿的肺并未进行呼吸活动,所以仍有一部分通过动脉导管进入主动脉,主动脉的血液则大部分到头颈部和两前肢。所以,到肝、头颈部和两前肢的血液含氧量和营养物质较多;通过物质交换后经前腔静脉返回右心房。这部分血液大部分经右心室口进入右心室,再进入肺动脉,通过动脉导管入主动脉到身体的后半部并经脐动脉到胎盘。所以,到后半部和肺的血液的含氧量和营养物质较少。

⑤胎儿出生后,随着胎儿脐带中断,呼吸出现,脐动脉立即闭塞,逐渐形成膀胱

圆韧带；脐静脉也闭塞、萎缩形成肝圆韧带；动脉导管封闭形成动脉导管索；卵圆孔封闭为卵圆窝，从而使心脏左右两半部分分开，大小循环血液不再混合。

本章小结

- 心血管系统
  - 心脏
    - 心脏的位置和形态
    - 心腔的结构
      - 右心房
      - 右心室
      - 左心房
      - 左心室
    - 心壁的构造
      - 心外膜
      - 心肌
      - 心内膜
    - 心的血管
      - 冠状动脉
      - 心静脉
    - 心脏的传导系统：窦房结、结间束、房室结、房室束、浦肯野氏纤维
    - 心脏的神经
    - 心包
    - 心脏的功能
  - 血管
    - 血管的种类和构造
      - 动脉
      - 静脉
      - 毛细血管
    - 肺循环的血管
      - 肺动脉
      - 肺静脉
    - 体循环的血管
    - 胎儿血液循环的特点

技能训练

心脏的形态、结构的识别

【目的要求】掌握心脏的构造及主要血管的联系；了解心包的形态结构、位置。

【材料设备】犬、猫的心脏标本，解剖器械。

【方法步骤】

1. 心包的观察

心包由纤维膜和浆膜组成，浆膜分壁层和脏层。纤维膜与壁层密接，外面被覆有纵隔胸膜，在心尖部折转附者于胸骨背侧，构成胸骨心包韧带。心包外的胸膜称为心包胸膜。

2. 心脏的观察

(1)识别心脏的外部主要结构　心脏呈中空的圆锥形，左、右稍扁，锥底朝上，较宽大，为心基；有进出心脏的大血管；冠状沟；上部的心房，下部的心室；在冠状沟内有脂肪和冠状血管；心脏内有左纵沟和右纵沟。

(2)心脏内腔区分及其与血管的联系　心脏可分 4 部分：左、右心房和左、右心室。

①右心房：构成心基的右前部，分为右心耳和静脉窦 2 部分；右心耳呈盲囊状；突向前方。

在标本上识别前腔静脉口、后腔静脉口、右房室口的位置。

②右心室：位于心的右前部，心腔较小，底部达不到心尖，上方有 2 个口；前口较小，为肺动脉口；后口较大，为右房室口。

在标本上识别右房室口、肺动脉口。

③左心房：构成心基的左后部，有数支肺静脉(犬有 6 条左右，猫分 3 支)进入其中，有向前突出的左心耳。在左心房背侧壁的后部，有数个肺静脉口。左心房下方有房室口。

④左心室：构成心脏的左后下部，心腔较大，底部伸达心尖，上方有 2 个口；前口较小，为主动脉口；后口较大，为左房室口。心横肌较右心室多。主动脉口也有 3 个半月瓣。

在标本上识别左房室口、主动脉口。

(3)心壁的构造　心壁以心肌为基础，由 3 层构成，外层为心外膜(即心包浆膜层的脏层)中层为心肌，内层为心内膜(紧贴于心肌的内表面)。心房与心室的肌肉，完全由房室口的周围的纤维环隔开。注意观察左、右心室肌肉的厚度。

【技能考核】在犬（猫）的心脏标本或模型上，识别心脏外部形态结构及内部结构。

复习思考题

1. 简述心脏的形态结构和位置。
2. 心脏有哪几个腔室？它们之间的关系如何？
3. 心脏有哪些瓣膜装置？对于血液在心腔内的流向有什么作用？
4. 心脏的传导系统由哪几部分构成？
5. 血管分哪几类？各有什么特点？
6. 常用于静脉注射的静脉血管的位置有哪些？

第九章　免疫系统

知识目标：了解免疫系统的概念、组成和作用；了解淋巴的生成及其意义；掌握骨髓、胸腺、淋巴结和脾脏等的形态、位置、构造和机能；掌握免疫细胞的种类和作用。

技能目标：能在尸体和活体上找到常检的淋巴结。

免疫系统是高等动物在其生物进化过程中逐渐形成并不断完善的一种高效能的防卫系统，它对于机体能否正确有效地防止疫病等具有重要的意义。一旦它的形态、结构发生变化或机能降低，必将导致机体患病甚至危及生命。

第一节　概　　述

免疫是机体自身的一种重要的生理机能，是机体对抗原物质的识别和对其的反应。首先它可以精确分辨、识别“自我”和“非我”物质，而后破坏和排斥这些进入体内的外来异物（如病原体）或体内产生的异构物质（如衰老死亡和受损的细胞）维持机体的生理平衡。因而主要呈现对机体的一种保护作用。但其也有不利的一面，如变态反应、自身免疫和移植免疫等。

一、免疫系统的组成

免疫系统是由具有免疫机能的器官、细胞和分子组成。

（一）免疫器官

免疫器官包括中枢免疫器官和周围免疫器官。中枢免疫器官包括骨髓和胸腺；周围免疫器官包括淋巴结、脾和其他淋巴组织。

(二)免疫细胞

免疫细胞包括淋巴细胞、单核巨噬细胞系统的各类细胞、抗原提呈细胞和各种粒细胞等。

(三)免疫分子

免疫分子指由免疫细胞释放于细胞外及体液中的可调节免疫细胞活性、参与免疫效应的分子。如抗体、补体系统中的各种成分以及有免疫活性的细胞因子等。

二、免疫系统的作用

免疫反应主要有 3 种机能。

(一)免疫防御

免疫防御指免疫系统可阻止病原微生物侵入机体，抑制其在体内繁殖、扩散，并可清除病原微生物及其产物。这种机能降低可导致重复感染，但如过高又可导致机体过敏，产生变态反应。

(二)免疫稳定

免疫稳定指免疫系统可清除体内多种衰老和被破坏、损伤的细胞，以保持体内各类细胞恒定的自身稳定。

(三)免疫监视

免疫监视指免疫系统能够识别、杀伤和清除体内的突变细胞。突变细胞是机体自发的或在某些病毒、化学药品等的诱发下产生的一种细胞，如肿瘤细胞等，如不及早发现、清除，任其发展，则会影响机体的正常的生理机能和生命活动。

上述免疫作用可由以下 2 种方式获得：

①由先天遗传而获得，称为先天性免疫。如皮肤、黏膜的屏障作用，吞噬细胞的吞噬作用，自然杀伤细胞的杀伤作用及多种体液成分(如补体、溶菌酶等)的免疫作用。它们能非特异性地阻挡或清除侵入体内的微生物及体内突变、死亡的细胞，所以又称为非特异性免疫。

②个体出生后，由于机体感染了某种病原微生物或接触了异种、异体抗原而获得的仅是对某种微生物或抗原的免疫力，称为特异性免疫(获得性免疫)。这种免疫，清除相应抗原的能力显著强于非特异性免疫，是进行人工免疫的基础(如临床上使用的各种疫苗，人工接种使机体产生的免疫效应)。但是，这种免疫不能遗传、作用范围又很专

一、局限，免疫期限也受到限制，长者可达数年甚至终生，短者仅有几个月，甚至更短。

第二节　免疫器官

一、中枢免疫器官

中枢免疫器官包括骨髓、胸腺。它们是免疫细胞发生分化和成熟的场所。

(一)骨髓

骨髓是填充在骨髓腔中的一种结缔组织。其中的红骨髓可以生成血液中的一切血细胞。如骨髓中的多能干细胞经过增殖和分化，成为髓样干细胞和淋巴干细胞。前者是颗粒性白细胞和单核吞噬细胞的前身，后者是淋巴细胞的前身。犬、猫的淋巴干细胞在骨髓内即可分化、成熟为B细胞，进入血液和淋巴，参与体液免疫。

(二)胸腺

犬的胸腺呈粉红色质地柔软，分为2叶，其中左叶比右叶大很多，位于胸腔纵隔前部的腹侧，从胸腔前口至心包，在心包形成胸腺压迹。本腺体在动物出生2周内增长很快，到6～8周龄发育完全，约4月龄后开始萎缩，逐渐被脂肪组织所替代，但终生不会完全萎缩，至两三岁时还有残余存在，甚至老龄犬仍有少量残存。

胸腺既是免疫器官，又是内分泌器官。胸腺的结构由皮质和髓质所构成。其中的皮质主要由淋巴组织构成。来自骨髓的淋巴干细胞在胸腺中受胸腺素和胸腺生成素等的诱导作用，增殖分化，大部分经2～3 d便死于胸腺内，只有小部分成熟为具有免疫功能的T细胞，而后进入外周免疫器官，参与细胞免疫和免疫调节。胸腺的髓质是由上皮细胞构成，其机能尚待研究。

二、周围免疫器官

周围免疫器官包括淋巴结、脾脏和消化道、呼吸道及泌尿道的淋巴小结。它们是T细胞、B细胞定居和对抗原刺激进行免疫应答的场所。

(一)淋巴结

1. 淋巴结的形态结构

淋巴结位于淋巴管的通路上，多呈圆形和椭圆形，大小不一(图9-1)。其颜色变异较大，在活体里呈粉红色或微红褐色，在尸体中则呈不同程度的灰白色并略带黄色。淋巴结数量较多,有深浅之分,多沿血管周围散布,或群聚于躯体的较安全部位。其一侧隆凸,连着几条输入管,另一侧凹陷,是淋巴输出管、神经和血管出入之处,称为淋巴结门。

淋巴结由被膜和实质两部分构成(图 9-1)。被膜是结缔组织薄膜,含有少量结缔组织纤维,其深入到实质内形成小梁并与网状组织共同构成淋巴结的支架。

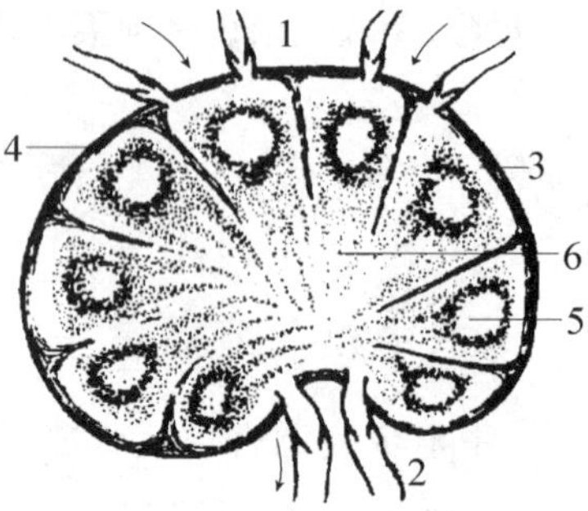

1.输入淋巴管 2.输出淋巴管
3.淋巴窦 4.被膜
5.淋巴小结 6.髓质
图 9-1 淋巴结构造模式图

淋巴结的实质可分为皮质和髓质 2 部分。皮质位于淋巴结的外周,颜色较深。由淋巴小结、副皮质区和皮质淋巴窦组成。淋巴小结呈圆形或椭圆形,是由密集的 B 淋巴细胞和少量的巨噬细胞构成。淋巴小结中央颜色较浅,常见分裂活跃的 B 淋巴细胞,称为生发中心。生发中心在病菌、异物等抗原刺激下,反应显著。副皮质区为弥散淋巴组织,位于淋巴小结之间和皮质、髓质交界处,是 T 淋巴细胞的主要分布区;在抗原的刺激下,该区的淋巴细胞可大量繁殖,离开淋巴结,经淋巴管而进入血液。皮质淋巴窦是淋巴流过的通路,位于被膜下方和小梁周围,呈不规则的网状间隙,窦内存在着网状细胞、淋巴细胞和巨噬细胞。窦壁由内皮细胞构成,壁上有孔,淋巴液和淋巴细胞可以进出。

髓质部位于淋巴结的中央和门部,颜色较淡。由髓索(淋巴索)和髓质淋巴窦组成。髓索是排列成索状的淋巴组织,彼此吻合成网状,其主要成分是 B 淋巴细胞、浆细胞及巨噬细胞。淋巴结功能活跃时,淋巴索发达,浆细胞多,产生抗体。反之,淋巴索不发达。髓质淋巴窦位于髓索与髓索之间和髓索与小梁之间,结构与皮质淋巴窦相同,接受来自皮质淋巴窦的淋巴并将淋巴液送入输出淋巴管内。

2.淋巴结的生理机能

淋巴结是机体重要的免疫器官,侵入体内的微生物、异物等抗原物质,经淋巴循环进入淋巴结后,由于淋巴结内有网状结构,即可过滤淋巴液,使其中大部分的微生物、异物被阻留在淋巴结内,而后由免疫细胞将其吞噬、清除、消灭。所以,淋巴结的正常与否是判定动物是否有病的重要标志之一,是临床诊断和检疫的重点。同时淋巴结也是造血器官,可产生淋巴细胞。

3.体内主要的淋巴结群

机体的每 1 个局部或器官的附近,都有 1 个淋巴结群,以接受该区域附近或器官流来的淋巴液。如内脏器官门处(肺门、肝门、肾门等)的淋巴结分别称为该器官的门淋巴结,肌肉或血管附近有该区域性淋巴结。这些淋巴结都有自己固定的位置，浅层的位于皮下，临床上可触摸到。深部淋巴结则分布于内脏器官附近和血管附近，它们可通过淋巴结的输入管不断接受一定区域的淋巴。当该区域的组织器官发病时，必然导致这些淋巴结首先出现病变，如发炎、肿胀、疼痛、变色等，因此检查淋巴结在临床诊断中具有重要意义。

淋巴结的名称一般以存在部位而命名。主要有：

(1)下颌淋巴结　位于下颌间隙皮下，下颌血管切迹稍后方。每侧有 2～3 个，长 1～5 cm，该淋巴结可以从体表触摸到。

(2)肩前(颈浅)淋巴结　位于肩关节前上方，臂头肌深面(图 9-2)。

(3)腋淋巴结　位于前肢内侧，肩关节稍后方，大小约 2.5 cm。

(4)股前(膝上)淋巴结　位于膝关节上方，股阔筋膜张肌前缘皮下。

(5)腹股沟深淋巴结　位于髂外动脉起始部(图 9-4)。

(6)腘淋巴结　位于膝关节后方，覆盖于股二头肌和半腱肌之间(图 9-5)。

(7)纵隔淋巴结　位于气管和食管腹侧面的纵隔中(图 9-3)。

(8)腹股沟浅淋巴结　公犬的位于精索后方，阴茎的背侧面；母犬的称为乳房淋巴结，位于乳房后上方的皮下。

(9)腹腔淋巴结　位于腹腔动脉起始部的背侧。

(10)肠系膜淋巴结　位于各段肠管的肠系膜上。

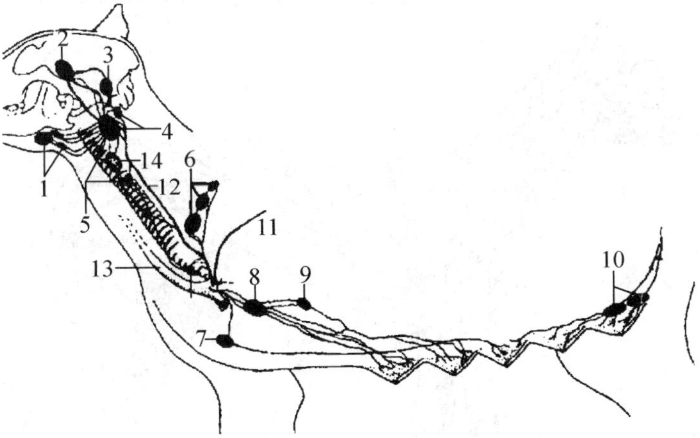

1. 下颌淋巴结　2. 腮腺淋巴结　3. 咽后外侧淋巴结　4. 咽后内侧淋巴结　5. 前、后颈深淋巴结
6. 颈浅淋巴结　7. 胸骨淋巴结　8. 腋淋巴结　9. 腋副淋巴结　10. 腹股沟浅淋巴结
11. 胸导管　12. 气管淋巴结　13. 颈外静脉　14. 甲状腺

图 9-2　犬的头颈部、前肢及乳腺淋巴结的位置模式图

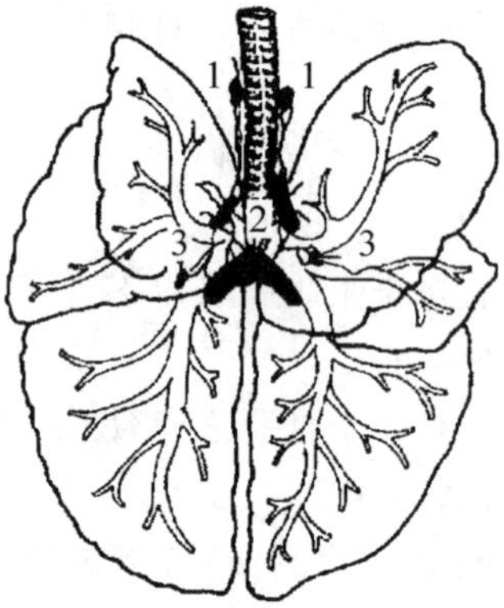

1.纵隔前淋巴结
2.气管支气管淋巴结　3.肺淋巴结

图 9-3　犬的气管和肺部淋巴结位置模式图

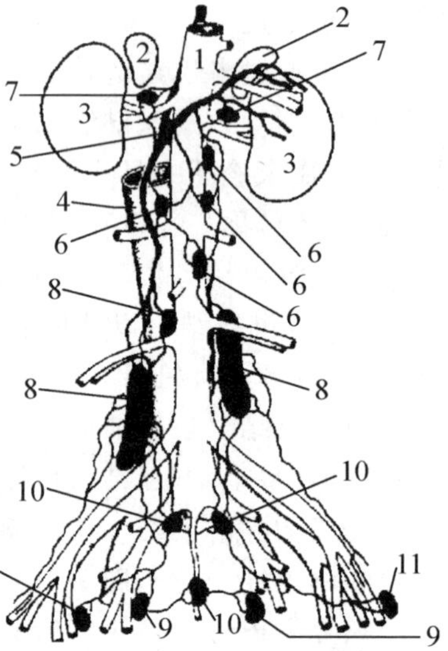

1.主动脉　2.肾上腺　3.肾　4.后腔静脉
5.乳糜池　6.主动脉淋巴结
7.肾淋巴结　8.髂内侧淋巴结
9.髂腹下淋巴结　10.荐淋巴结
11.腹股沟深淋巴结

图 9-4　犬的腰荐部的淋巴流向(腹侧观)

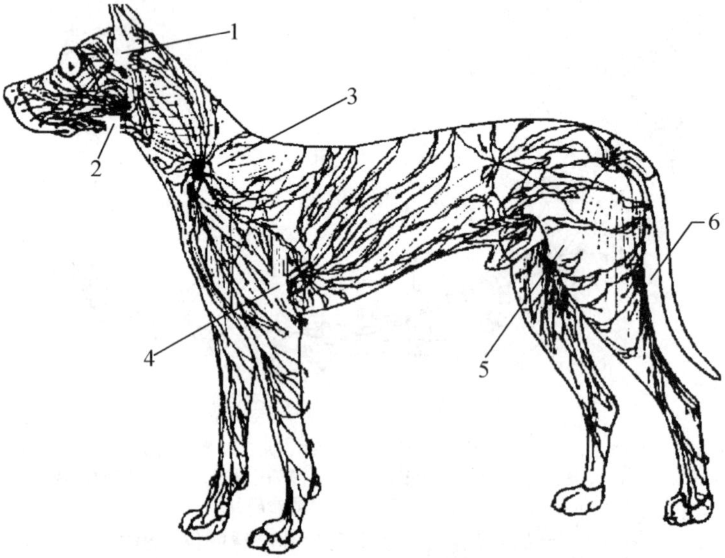

1.腮腺淋巴结　2.下颌淋巴结　3.颈浅淋巴结　4.腋副淋巴结　5.髂下淋巴结　6.腘淋巴结

图 9-5　犬的浅在淋巴流向模式图

(二)脾

进入体内的细菌、异物等抗原性物质，除被淋巴结捕捉外，还能被脾所过滤、滞留和吞噬。此外，脾还能贮存红细胞与血小板。在胎儿时期还具有生成红细胞的功能。

1. 脾的形态和位置

脾长而狭窄，略成镰刀形，近端窄而稍弯，远端较宽，其背侧通常与最后 2 个肋骨相对，与左腹侧壁几乎成直角；通过左肾的前端和胃底之间到达膈的左脚；粗大的腹侧端延伸至肋弓以下。脾门位于脾脏面的中部，由近端向远端延伸，并形成脾门隆起，是血管和神经的出入之处(图 9-6)。

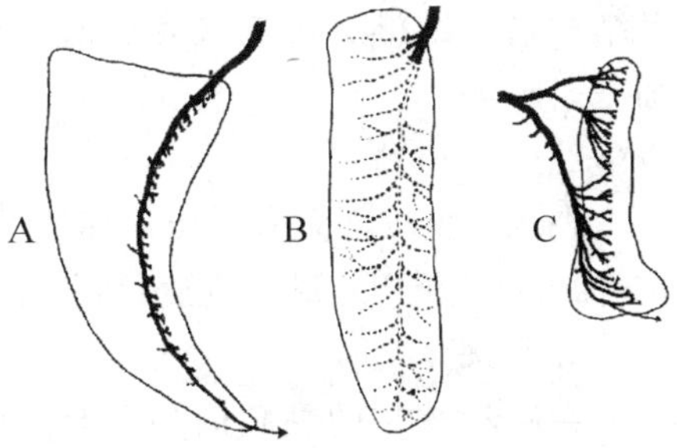

A. 马　B. 牛　C. 犬

图 9-6　马、牛和犬脾的形态及其脾动脉的分布示意图

2. 脾的结构

脾的外面被覆一层结缔组织被膜，被膜内含有平滑肌。被膜深入脾脏内部并形成网状支架称为小梁，是脾的间质部分。脾的实质叫脾髓，可分为白髓和红髓。白髓分散在红髓之中，包括淋巴小结和动脉周围淋巴鞘 2 部分。淋巴小结(脾小体)为外观成圆形或椭圆形的白色小体，主要由 B 淋巴细胞构成。血管从髓中穿过，称为中央动脉。中央动脉的周围是 T 细胞居住的部位，称为动脉周围淋巴鞘；白髓之间为红髓，由脾索和脾窦组成。脾索是彼此吻合成网状的淋巴组织，其中除含有网状细胞和大量 B 细胞外，还有许多巨噬细胞、红细胞和白细胞。脾窦为毛细血管窦，内充满血液，窦壁由内皮细胞和网状纤维构成，内皮细胞之间有空隙，有利于血细胞穿过。

3. 脾脏的机能

(1)造血　胚胎时期脾可产生各种血细胞，出生后只能产生淋巴细胞，但仍保持产生各种血细胞的潜能。

(2)贮血　当机体需要时，被膜和小梁收缩，可迅速将脾窦内的血液释入血流。

(3)滤血　脾内的巨噬细胞可及时吞噬进入血中的各种异物、衰老的细胞，可净化血液。

(4)参与免疫反应　脾内的淋巴细胞，在抗原刺激下，可增殖产生大量的效应细胞，参与机体的免疫反应。

(三)其他淋巴器官

1. 血淋巴结

血淋巴结位于血液循环的通路上。血淋巴结没有输入输出管，它的构造与淋巴结相同。其淋巴窦内含有血液，在大失血后，血淋巴结常能产生红细胞和有粒白细胞。

2.淋巴小结

在黏膜上皮下面有淋巴细胞密集形成的淋巴组织，称为淋巴小结。有的单个存在，称为孤立淋巴小结（淋巴孤结）；有的集合成群，称为集合淋巴小结（淋巴集结）。

3.扁桃体

在咽和软腭的黏膜内分布有淋巴组织，称为扁桃体。扁桃体无淋巴管输入，又处于暴露位置，故抗原可由口腔直接感染。扁桃体的主要作用，一是可产生淋巴细胞，二是对抗原起反应，构成全身防御系统的一部分。

第三节　免疫细胞

凡能参与免疫反应的细胞统称为免疫细胞，主要有如下几种。

一、淋巴细胞

大小不一，直径在 5～18 μm 之间，胞核大，几乎充满整个细胞。这种细胞因随血液在全身循环，因而可以在机体的每个组织中找到。其主要机能是不但能识别外来的“非己”物质，发动一系列的生理机制清除入侵者，而且能辨识自己体内的成分。这种区分“己”与“非己”的能力是淋巴细胞的主要特征，也是免疫反应的起点。至今已知的淋巴细胞有如下几种。

（一）T 细胞

T 细胞是由骨髓生成的淋巴干细胞在胸腺中分化、成熟的淋巴细胞，故又称为“胸腺依赖淋巴细胞”，用胸腺（thymus）一词的字头“T”来命名。成熟后进入血液和淋巴液参与细胞免疫，可直接攻击靶细胞。

（二）B 细胞

B 细胞是在骨髓中由淋巴干细胞逐渐分化、成熟的，故称“骨髓依赖淋巴细胞”用骨髓（bonemarrow）一词的字头“B”来命名。B 细胞进入血液和淋巴液后的主要机能是，经抗原刺激转化为浆细胞后产生抗体，参与体液免疫。

（三）K 细胞（杀伤细胞）

K 细胞是一种直接来源于骨髓的细胞，主要存在于腹腔渗出液、血液和脾脏中。具有非特异性杀伤功能。K 细胞虽是杀伤细胞，但却不能单独杀伤靶细胞，只能杀伤与抗体结合的靶细胞。所以，这种杀伤作用简称为“抗体依赖性细胞介导的细胞毒作用”，且这种作用很强，体内只要有微量抗体与相应抗原结合，虽然还不能激活补体破坏靶细胞，但却可以激活 K 细胞而发挥对靶细胞的杀伤作用。

（四）NK 细胞（自然杀伤细胞）

NK 细胞是一类不依赖抗体，不需要抗原致敏即具有杀伤靶细胞作用的淋巴细胞。尤其是对肿瘤细胞及病毒感染细胞，具有明显的杀伤作用，可使靶细胞溶解。

二、单核巨噬细胞系统

机体内除嗜中性白细胞外（因其只能吞噬细菌而不能吞噬较大异物），其余具有吞噬能力的细胞统称为单核巨噬细胞系统。现已知的这种细胞主要有：

（1）组织细胞　主要分布在疏松结缔组织内。

（2）小胶质细胞　分布在脑和脊髓内。

（3）单核细胞　存在于血液中。

（4）枯否氏细胞（星形细胞）　存在于肝脏的窦状隙中。

（5）网状细胞　分布在淋巴结、脾脏、骨髓等处。

（6）内皮细胞　分布在脾脏、脑垂体、肾上腺等器官的窦状隙、淋巴结的淋巴窦及毛细血管的内皮等处。

（7）尘细胞　分布在肺泡隔的结缔组织中。

这个系统的主要机能是吞噬侵入体内的细菌、异物和体内衰老、死亡的细胞；在炎症的恢复期参与组织的修复；造血器官中的网状细胞，尚有生成血细胞的机能；肝脏的枯否氏细胞不但参与免疫反应，还可参与胆色素的制造；血液中的单核细胞，具有许多与免疫有关的功能，但它在血液中存在时间短，几天后则离开血液进入组织，在组织中发育、分化、成熟为高度活跃的巨噬细胞，使其免疫机能得以进一步的加强。

三、抗原提呈细胞

抗原提呈细胞指在特异性免疫应答中，能够摄取、处理、转递抗原给 T 细胞和 B 细胞的细胞，其作用过程称为抗原提呈。有此作用的细胞主要有巨噬细胞、B 细胞、周围淋巴器官中的树突状细胞、指状细胞及真皮层中的郎格罕氏细胞等。

四、粒细胞

细胞质中含有染色颗粒的白细胞统称为粒性白细胞。其中，嗜中性粒细胞除具有吞噬细菌、抗感染能力外，尚可与抗原、抗体相结合，形成中性粒细胞-抗体-抗原复合物，从而大大加强对抗原的吞噬作用，参与机体的免疫过程。嗜碱性粒细胞主要参与体内的过敏反应和变态反应。嗜酸性粒细胞与免疫反应过程密切相关，常见于免疫反应的部位，有较强的吞噬能力，对抗原-抗体复合物有显著的趋向性。抗寄生虫的作用也较强。

综上所述，可得出如下结论：

①淋巴细胞与巨噬细胞是与免疫活动最直接相关的2类细胞。

②淋巴细胞首先识别抗原为非我物质，而后给以应答。不同的淋巴细胞会采取不同的应答方式：一种是淋巴细胞分化成浆细胞，进而产生特异性抗体；另一种方式是淋巴细胞分化成能执行细胞免疫的细胞，而后由这种细胞本身去直接破坏抗原。

③巨噬细胞的免疫作用则较少特异性。其免疫方式主要是：直接吞噬抗原；以免疫源的形式将抗原提供给淋巴细胞群。

④巨噬细胞和淋巴细胞二者之间具有复杂的相互作用。

⑤除巨噬细胞和淋巴细胞外的其他细胞系，可通过诸如淋巴因子、免疫球蛋白等可溶性物质与免疫系统发生广泛的相互作用。

附：淋巴组织

淋巴组织是富含淋巴细胞的网状组织。多分布在管状器官的管腔大小和方向突然有所改变的部位，如咽峡、回肠等处。淋巴组织包括弥散淋巴组织和淋巴小结2类。

1. 弥散淋巴组织

淋巴细胞分布稀疏，没有特定的外形结构，常分布在消化管、呼吸道和尿生殖道的黏膜上皮下，以抵御外来细菌和异物的入侵。

2. 淋巴小结

淋巴细胞密集，具有一定的形态，多呈圆形或卵圆形，分布在淋巴结、脾、消化道和呼吸道的黏膜中。其中单独存在的称为淋巴孤结，聚集成团的称为淋巴集结，如扁桃体(图9-7)、回肠黏膜的淋巴孤结和集结。

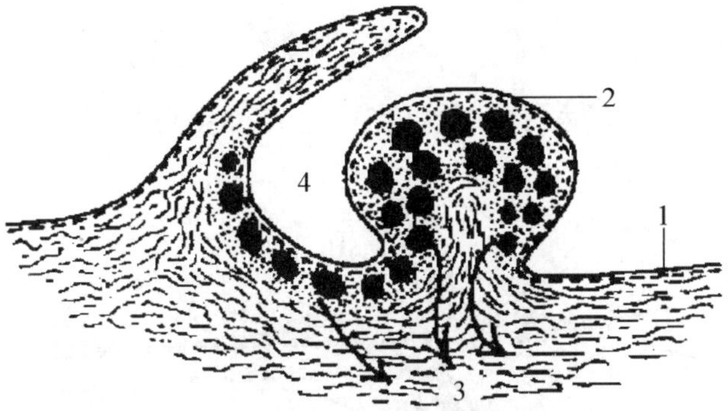

1. 上皮　2. 腭扁桃体　3. 输出淋巴结　4. 扁桃体窝

图 9-7　犬的腭扁桃体

第四节　淋　　巴

淋巴（液）是免疫系统重要的组成部分，同时又是体内主要的体液之一，它和血液、组织液关系密切。淋巴液来源于组织液、组织液来源于血液，而淋巴液最后又回到了血液，三者密切相关，任何一方出现了变化，都将对另两方产生重大影响。

一、淋巴的生成

淋巴是组织液透过毛细淋巴管壁进入毛细淋巴管而生成的。首先，毛细淋巴管与毛细血管相比管壁更薄，通透性更大，可允许分子较大的蛋白质及脂肪微粒直接进入淋巴管。其次，毛细淋巴管是以稍膨大的盲端起始于组织间隙，而且管壁是由互不相连的单层内皮细胞呈瓦片状或鱼鳞状互相覆盖而成。这种结构排列方式，只允许组织液经内皮细胞间隙流入淋巴管，而不允许其倒流，具有瓣膜样作用。第三，在生理条件下，组织液压力大于毛细淋巴管内压力，故组织液可顺利地扩散入毛细淋巴管而构成淋巴。尤其是运动时，由于运动局部血量增大，静脉压增高，淋巴生成的速度会更快（图 9-8）。

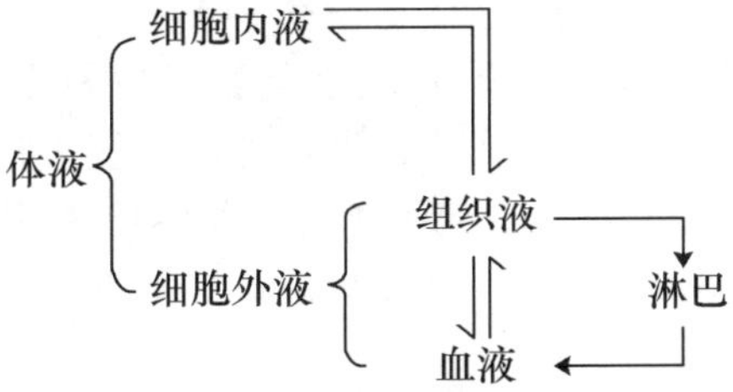

图 9-8　淋巴的生成

二、淋巴管

淋巴生成后，沿毛细淋巴管—淋巴管(途径许多淋巴结)—淋巴干—淋巴导管—前腔静脉或颈静脉而回到血液(图 9-9)。

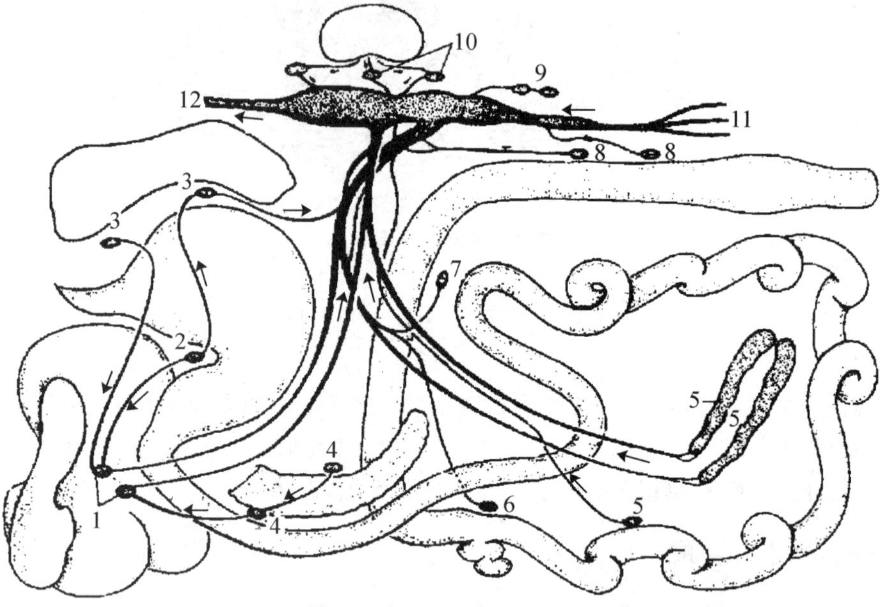

1.左、右肝淋巴结 2.胃淋巴结 3.脾淋巴结 4.胰十二指肠淋巴结 5.空肠淋巴结 6.结肠右淋巴结 7.结肠中淋巴结 8.肠系膜后淋巴结 9.主动脉腰淋巴结 10.肾淋巴结 11.来自髂荐淋巴中心领域的输出淋巴管 12.延续为胸导管的乳糜池

图 9-9 犬的腹腔、骨盆腔的淋巴流向模式图

(一)毛细淋巴管

毛细淋巴管是由单层内皮细胞构成的闭锁管道，以盲端起始于组织间隙，彼此吻合成网，除脑、脊髓、骨髓、软骨、上皮、角膜以及晶状体外，几乎遍及全身。

毛细淋巴管一般与毛细血管伴行，形态结构相似，又不尽相同，通透性大于毛细血管，可使组织液中的大分子物质如细菌、异物等较易进入毛细淋巴管，因而，当动物受到感染时，其炎症反应和病灶等首先在淋巴系统表现出来。

另外，小肠内的毛细淋巴管尚能吸收脂肪，其淋巴呈现乳白色，故容纳这些淋巴液的管腔则称为乳糜管(池)。

(二)淋巴管

淋巴管由毛细淋巴管汇合而成，其形态、结构与静脉相似。特点是管径较细，数量较多，形成广泛的吻合；且管壁较静脉薄，并比静脉具有更多的瓣膜。瓣膜是淋巴管内膜突入腔内而形成的，它是毛细淋巴管过渡到淋巴管的重要标志，是保证淋巴向心流动，防止淋巴逆流的重要结构。因此，回流困难的部位，如四肢的淋巴管，即可见到更多的淋巴管瓣膜，致使该处的淋巴管外形呈串珠状。另外，淋巴的向心流程中，通常还要通过 1 个或多个淋巴结。

（三）淋巴干和淋巴导管

全身的淋巴管经过局部淋巴结后，主要汇集成 5 条较大的淋巴干，即左、右气管淋巴干，左、右腰淋巴干和单一的内脏淋巴干。全身的淋巴干最后汇聚成 2 条最大的淋巴管道，即右淋巴导管和胸导管，将淋巴注入前腔静脉，回归到血液循环中。

1. 右淋巴导管

右淋巴导管位于胸腔前口附近，收集右侧头颈部、右肩带部、右前肢和右侧胸壁以及右心、右肺的淋巴，最后注入右颈静脉或前腔静脉右侧。

2. 胸导管

胸导管起始于最后胸椎和前 3 个腰椎的腹侧和主动脉背侧，其起始部管腔膨大，呈长梭形，内有从肠道收集来的含有大量脂肪的淋巴液，所以称为乳糜池。乳糜池在主动脉背侧向前移行为胸导管，通过膈脚进入胸腔，沿主动脉右背侧前行，而后通过食管和支气管左侧下行，注入前腔静脉左侧或左颈静脉。乳糜池和胸导管沿途主要收集两后肢、腹壁、腹腔、骨盆壁、骨盆腔内的各器官以及左侧胸壁、左肺、左心、左头颈部、左前肢的淋巴。

三、淋巴的生理意义

淋巴是体液的重要组成部分，其生理意义在于：

1. 调节血浆和组织细胞之间的体液平衡

淋巴的回流虽然缓慢，但对组织液的生成与回流平衡却起着重要的作用。如果回流受阻，可引起淋巴淤积而出现组织液增多，局部肿胀等症状。

2. 免疫、防御、屏障作用

淋巴在循环、回流入血的过程中，要经过免疫系统的许多器官（如淋巴结等），而且液体中含有大量免疫细胞（淋巴细胞、巨噬细胞等），能有效地参与免疫反应，清除细菌异物等抗原，产生抗体。所以，淋巴系统具有重要的免疫、防御、屏障作用。

3. 回收组织液中的蛋白质

由毛细血管动脉端滤出的血浆蛋白（白蛋白）不可能逆浓度差从组织间隙重吸

收入毛细血管，只有经淋巴回流，才不至于在组织液中堆积。据测定，每天经淋巴回流入血的血浆蛋白，约占循环血浆蛋白总量的 1/4。

4. 运输脂肪

由小肠黏膜上皮细胞吸收的脂肪颗粒，主要经肠绒毛内的毛细淋巴管回收，而后经淋巴管—淋巴干—乳糜池—胸导管回流入血。因而，胸导管内的淋巴液，呈现白色乳糜状。小肠绒毛中的中央乳糜管和胸导管的起始端的乳糜池的名称也由此而来。因此，淋巴循环对脂肪的吸收、运输有重要意义。

本章小结

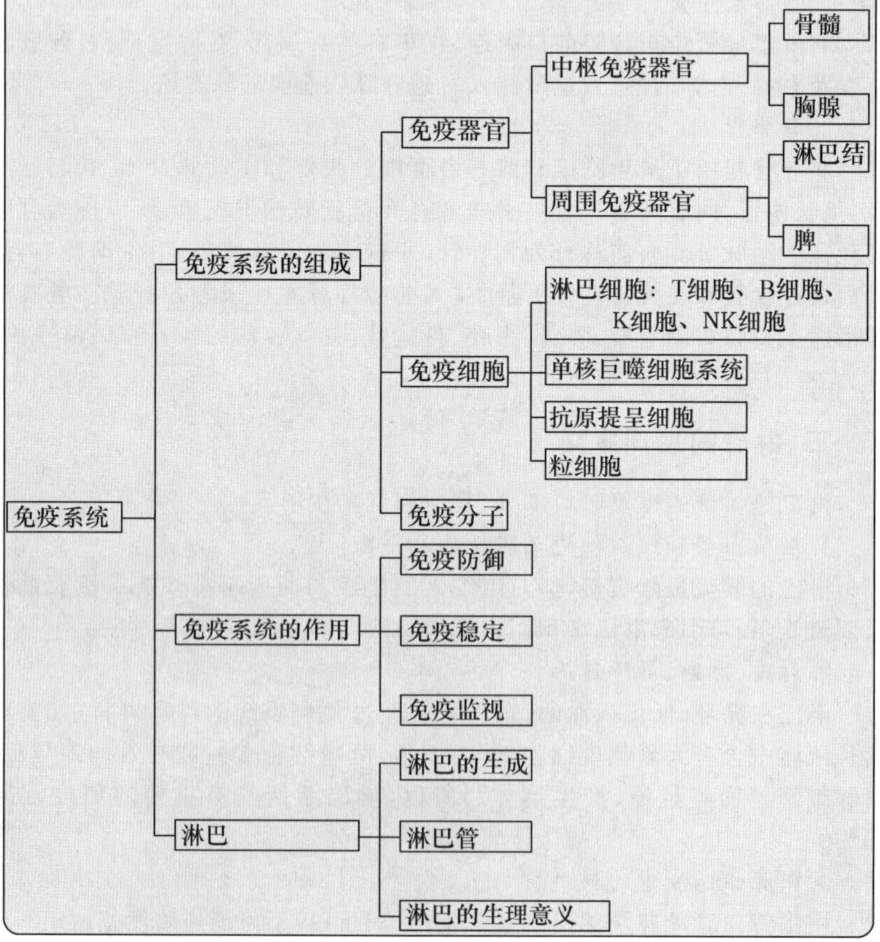

技能训练

一、淋巴结、脾的形态、结构和位置的识别

【目的要求】通过训练正确掌握常检淋巴结的位置，准确识别正常淋巴结和脾脏的形态、结构。

【材料设备】活犬、死犬、解剖器械等。

【方法步骤】

①首先将活犬确实保定。

②在教师指导下学生单独操作，在活体上触摸常检淋巴结并准确阐述其位置。如下颌淋巴结、肩前(颈浅)淋巴结、腹股沟浅淋巴结、腘淋巴结等。

③解剖死犬：首先剥皮，而后由头部开始向后依次找到各浅层淋巴结，并将淋巴结取出，辨识其正常时的形态、色泽、大小、质地，而后沿淋巴结大弯，纵向切开，以观察其正常的形态、结构。

④由头部向后，依次剖开口腔、咽喉、颈、胸腔、腹腔，准确找出各部位淋巴结及胸导管，并在腹腔准确辨识脾脏的位置、形态、结构。

【技能考核】学生应全部准确掌握各淋巴结的位置、形态、结构。

二、淋巴结和脾组织的观察

【目的要求】准确掌握显微镜下淋巴结和脾脏的组织结构，为临床检验做好准备。

【材料设备】显微镜、幻灯机、淋巴结和脾的组织切片及幻灯片。

【方法步骤】

①在教师指导下用幻灯机观察淋巴结、脾脏的幻灯片，掌握其正常组织结构。

②将所有组织切片标签掩盖。

③学生单独操作，用显微镜观察脾、淋巴结的组织结构，并画出镜下所见之草图。

【技能考核】准确找出淋巴结和脾脏的组织结构，绘图准确无误。

复习思考题

1. 解释下列名词：免疫；特异性免疫；非特异性免疫；免疫监视；自然杀伤细胞；单核巨噬细胞系统；抗原提呈细胞；淋巴液；乳糜池。

2. 免疫系统主要由哪些器官和细胞组成？它们各自的形态、位置、结构和机能是什么？

3. 血液、组织液、淋巴液三者之间有何关系？

4. 淋巴结发炎肿胀说明什么问题？

5. 某种犬的烈性传染病传播时期，为什么有的犬患病，而有的犬却安然无恙？

6. 给犬注射了狂犬病疫苗后，该犬还会患其他传染病吗？为什么？

7. 给犬注射疫苗后，犬会出现轻度发热，饮、食欲下降等症状。这是好现象还是坏现象？为什么？这时能否大剂量使用解热药、抗生素等？为什么？

第十章　神经系统

知识目标：了解神经系统的组成、功能及临床常用脑神经、脊神经的分布；掌握植物性神经的结构、分布与功能。

技能目标：能在标本上识别脑与脊髓的形态、结构。

第一节　概　　述

一、神经系统的功能

有机体是由许多系统组成的，神经系统是体内起主导作用的系统，其功能表现在 2 个方面：一是调节体内各器官系统的功能活动，使之完整统一；二是调节机体与外界环境之间的统一，使之适应外界环境的变化。

神经系统的调节机能是通过反射活动来实现的。所谓反射，是指机体内、外感受器受到内外环境变化的刺激，通过神经系统的活动而发生的反应。实现反射活动的物质基础是反射弧，包括感受器、传入神经、中枢、传出神经和效应器 5 部分(图 10-1)。

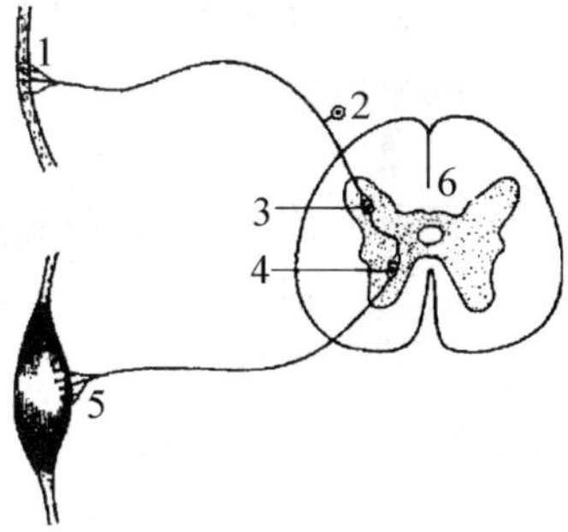

1. 感觉神经末梢　2. 传入神经元
3. 中间神经元　4. 传出神经元
5. 传出神经末梢

图 10-1　反射弧模式图

感受器是感受刺激的装置。它能将体内外各种刺激转化为神经冲动。全身各处都有感受器，种类很多，如皮肤的痛、温(包括冷和热)、触、压觉感受器,眼内的视觉感觉器,耳内的听觉与平衡觉感受器,以及体内的化学、机械性感受器等。

中枢是指脑和脊髓内执行一定机能的神经细胞群,是反射的中心环节,如视觉中枢、听觉中枢等。

传入和传出神经是把中枢神经系统与感受器和效应器联系起来的通路。传入神经能把感应器接受刺激转化的冲动传到中枢。传出神经能将中枢发出的冲动传导到效应器。

效应器是发生反应的组织器官,如肌肉、腺体等。

机体的一切反射活动都是先由感受器接受刺激,沿着反射弧的顺序相继活动,最后完成相应的动作,来调节各器官的机能。反射弧各部分的完整是保证实现反射活动的必要条件。反射弧任何部分受到损伤或阻断,都将使反射消失。

二、神经系统中常用名词

1. 神经元

神经元即神经细胞,是构成神经系统并执行其功能的基本单位。每个神经元由胞体和突起构成。

2. 灰质

神经元的胞体聚集在脑和脊髓内,呈灰色,总称为灰质。位于大脑半球和小脑表面的灰质分别称为大脑皮质和小脑皮质。

3. 白质

在脑和脊髓内神经元的突起聚集在一起,呈白色,称为白质,它们是中枢内传导冲动的通路。

4. 神经核和神经节

在中枢神经内,由功能相同的神经元胞体聚集或分散在于白质中的团块,称为神经核。在外周神经中,神经元胞体聚集在一起,形成神经节。

5. 神经纤维和神经

神经元的突起,称神经纤维;在外周神经中集合成束的神经纤维称神经。

三、神经系统的组成

根据神经系统的结构与功能,把神经系统区分为中枢神经系统和外周神经系统 2 部分。中枢神经系统包括脑和脊髓;外周神经系统包括与脑和脊髓相连的脑神经和脊神经,以及控制平滑肌、心肌和腺体活动的植物性神经(表 10-1)。

表 10-1　神经系统的组成

- 神经系统
  - 中枢神经系统
    - 脑:位于颅腔内
      - 大脑
      - 小脑
      - 脑干
        - 延脑
        - 脑桥
        - 中脑
        - 脑间
    - 脊髓:位于椎管内
  - 外周神经系统
    - 脑神经:主要分布于头部
    - 脊神经:分布于躯干和四肢
    - 植物神经
      - 交感神经
      - 副交感神经
      - (交感神经、副交感神经)分布于平滑肌、心肌、腺体等处

第二节　中枢神经系统

一、脊髓

(一)脊髓的位置和形态

脊髓位于椎管内,呈背腹向略扁的圆柱状,前端经枕骨大孔与延髓相连,后端达荐骨中部(图 10-2)。按脊髓在椎管中的位置,分为颈髓、胸髓、腰髓和荐髓。脊髓全长粗细不等,由 2 个膨大部:在颈、胸交界处的膨大,称为颈膨大,由此发出支配前肢的神经;腰荐交界处的膨大,称为腰膨大,由此发出支配后肢的神经。

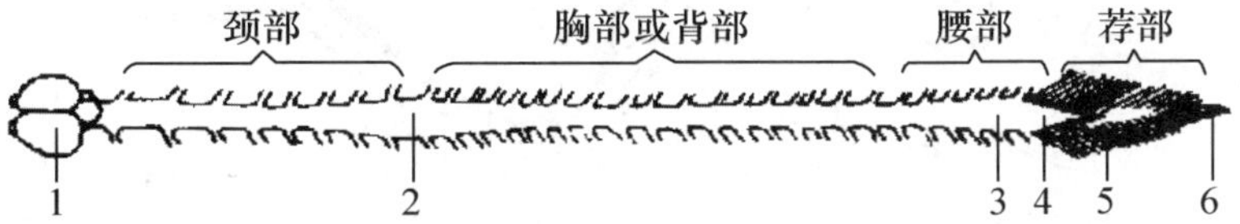

1. 大脑半球　2. 颈膨大　3. 腰膨大　4. 脊髓圆椎　5. 马尾　6. 终丝

图 10-2　脊髓外形图

脊髓背侧有一背正中沟,腹侧有腹正中裂。脊髓两侧发出成对的脊神经根,每一脊神经根又分背根和腹根。在较粗的背根上有一膨大部,称为脊神经节,是感觉神经元的胞体所在处。背根就是感觉神经元的中枢突进入脊髓而形成的,专管感觉,所以又称为感觉根。腹根是由腹角运动神经元轴突,穿出脊髓而形成的,专管运动,所以又称为运动根。背根和腹根在椎间孔处合并为脊神经出脊间孔。

(二)脊髓的内部结构

在新鲜脊髓横断面上观察,可见脊髓是由中央的灰质和周围的白质构成(图10-3和图10-4)。

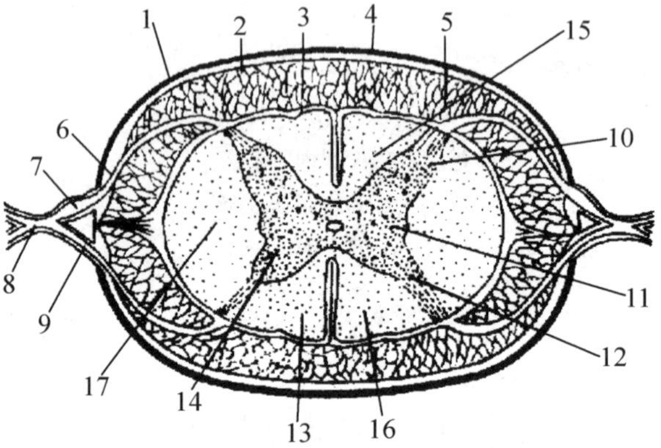

1.硬膜 2.蛛网膜 3.软膜 4.硬膜下腔 5.蛛网膜下腔 6.背根 7.脊神经节 8.脊神经 9.腹根 10.背角 11.侧角 12.腹角 13.白质 14.灰质 15.背索 16.腹索 17.侧索

图 10-3 脊髓横断面模式图

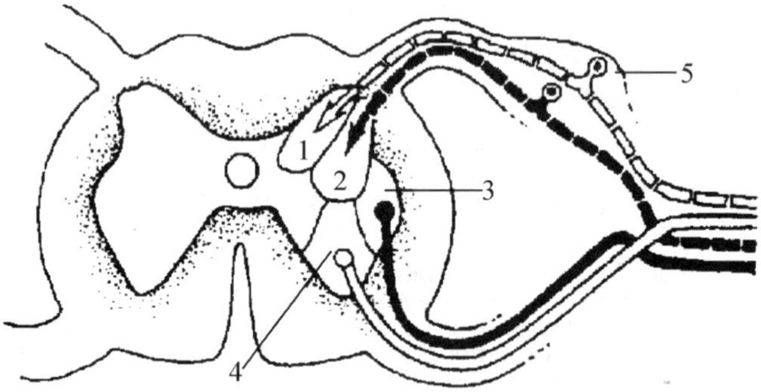

1.躯体传入神经元 2.内脏传入神经元(由1和2构成背角) 3.内脏传出神经元(侧角) 4.躯体传出神经元(腹角) 5.脊神经节

图 10-4 脊髓灰白质划分模式图

1.灰质

脊髓的灰质形似蝴蝶。正中有纵贯脊髓全长的脊髓中央管,向前通第4脑室。灰质分别向背侧和腹侧突出,形成1对较小的背角和1对较大的腹角。在脊髓的胸腰段和荐段,背角和腹角之间的灰质稍向外突出,形成侧角。背角、腹角和侧角在脊髓内前后延伸成柱状,所以又称为背柱、腹柱和侧柱。背角(柱)内有联合神经元,它们接受感觉纤维传来的神经冲动,其轴突有的进入对侧白质形成长距离的上行传导束，将神经冲动传至脑；有的在脊髓内起节段间的联系作用。腹角（柱）内有运动神经元，它们的突起通过白质离开脊髓，形成腹根（运动根），使脊神经支配骨骼肌运动。侧角（柱）内有植物性神经元，它们的突起随腹根进入脊神经，出椎间孔后即离开脊神经形成交感神经干或连于神经节。

2. 白质

白质位于灰质周围，是由许多神经纤维构成。其中上行纤维束可将脊髓各段的感觉上传至脑，下行纤维束可将脑发出的运动信息传至脊髓各段。

二、脑

脑是神经系统的高级中枢。脑实质结构与脊髓有许多共同之处，也是由灰质和白质构成，但其形态和功能均较脊髓复杂。脑可分为大脑、小脑和脑干 3 部分。大脑在前，脑干位于大脑和脊髓之间，小脑位于脑干背侧（图 10-5 和图 10-6）。

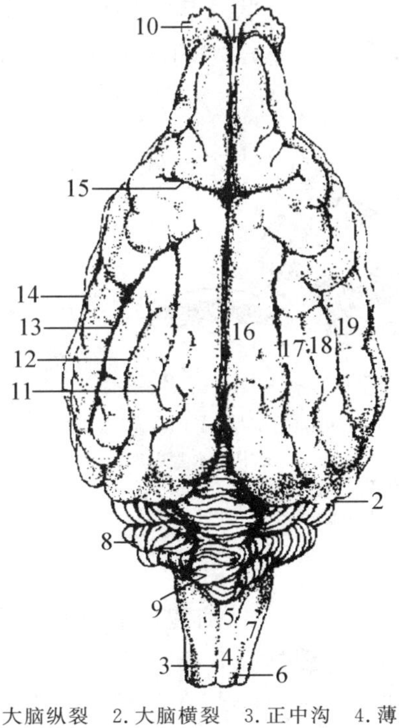

1. 大脑纵裂　2. 大脑横裂　3. 正中沟　4. 薄束
5. 薄束结节　6. 楔束　7. 楔束结节　8. 小脑半球
9. 小脑蚓部　10. 嗅球　11. 缘裂　12. 缘外裂
13. 大脑外侧上裂　14. 大脑外侧裂　15. 十字裂
16. 缘回　17. 缘外回　18. 大脑外侧上回　19. 大脑外侧回

图 10-5　犬的脑（背侧观）

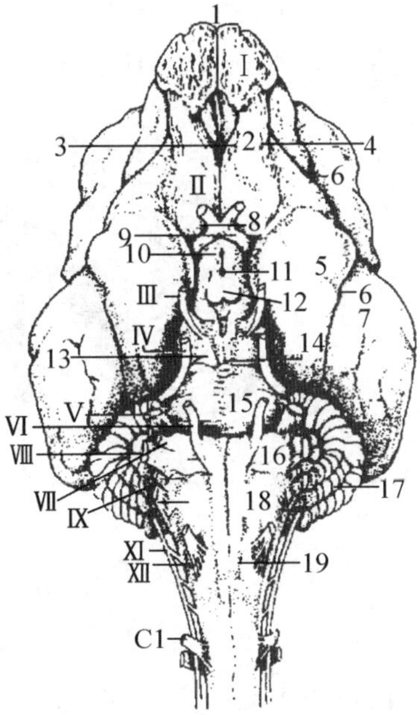

Ⅰ～Ⅻ. 表示相应的脑神经　C1. 第一神经
1. 嗅球　2. 嗅总回　3. 内侧嗅回　4. 外侧嗅回
5. 梨状叶　6. 嗅脑裂　7. 大脑外侧回
8. 视交叉　9. 视束　10. 灰质隆起
11. 漏斗（脑垂体已切除）　12. 乳头体　13. 大脑角
14. 角间窝　15. 脑桥　16. 斜方体
17. 小脑半球　18. 锥体　19. 锥体交叉

图 10-6　犬的脑（腹侧观）

(一)脑干

脑干由后向前依次为延髓、脑桥、中脑和间脑。

1. 延髓

延髓是脊髓向前的延续。延髓前连脑桥，上面是小脑，与小脑间的腔隙称第 4 脑室。第 4 脑室向前通大脑导水管(中脑水管)，向后通脊髓中央管。延髓腹面有 2 个纵行隆起，称为锥体。锥体实际上是由脊髓与脑之间的上下行纤维构成，这些纤维在锥体内向对侧交叉，称为锥体交叉。延髓中有与消化、呼吸等活动有关的神经中枢。

2. 脑桥

脑桥位于延髓前方，腹侧面为横向隆起，内含有许多神经纤维，是连接神经系统前后各部和小脑的重要通道。

3. 中脑

中脑位于脑桥的前方，间脑的后方。在腹侧有 1 对楔状隆起，称为大脑脚。中脑背侧有 2 对圆形隆起，称为四叠体。前连第 3 脑室，后通第 4 脑室(图 10-7)。

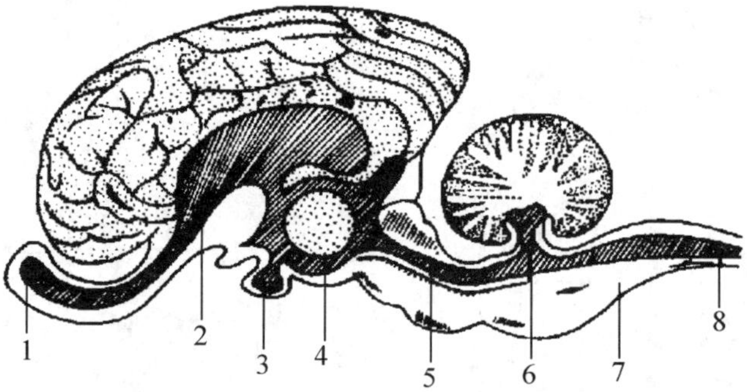

1. 嗅脑室　2. 侧脑室　3. 脑垂体腔　4. 第 3 脑室　5. 中脑水管
6. 第 4 脑室　7. 延髓　8. 中央管

图 10-7　脑室系统半模式图

4. 间脑

间脑位于中脑前方，大部分被大脑半球所覆盖。分为丘脑和丘脑下部。丘脑位于背侧，是 1 对卵圆形的灰质块。丘脑周围环状空隙称第 3 脑室，它的前上方以室间孔通侧脑室，后连大脑导水管。丘脑下部位于丘脑腹侧，在其结构中有脑垂体，属内分泌腺。另外，在丘脑下部的神经核团中，有 1 对视上核和室旁核，它们分别释放抗利尿激素和催产素，这 2 种激素通过神经元的轴突输送至神经垂体贮存，根据机体需要释放入血。

(二)小脑

小脑位于延髓和脑桥背侧,略呈球形。小脑表面有许多凹陷的沟和突出的回。小脑分为中间较窄且卷曲的蚓部和两侧膨大的小脑半球。小脑由灰质和白质构成,灰质主要覆盖于表面,称为小脑皮质;白质在深部,呈树枝状分布,称为小脑树。白质中有分散存在的神经核。

(三)大脑

由左右 2 个完全对称的大脑半球构成。2 大脑半球借由巨大的横行神经纤维束构成的胼胝体相连。在每侧半球内有 1 个呈半环行的狭窄裂隙,称为侧脑室,各经室间孔与第 3 脑室相通。大脑半球由大脑皮质、白质和基底核组成。在大脑半球底面还有嗅脑,其功能与嗅觉有关。

1. 大脑皮质

大脑皮质为表面的灰质,由 5～6 层神经元构成。大脑皮质表面有许多深浅不同的沟,沟与沟之间的隆起称脑回,可增加大脑皮质的面积。根据机能和位置的不同,常把大脑皮质分为若干叶,各叶内有各种高级中枢(图 10-8)。半球背外侧前部(额叶)有运动中枢,背侧(顶叶)有感觉中枢,外侧部(颞叶)有听觉中枢,外侧后部(枕叶)有视觉中枢,半球内侧面靠近白质的边缘部分(边缘叶)有内脏活动的高级中枢。

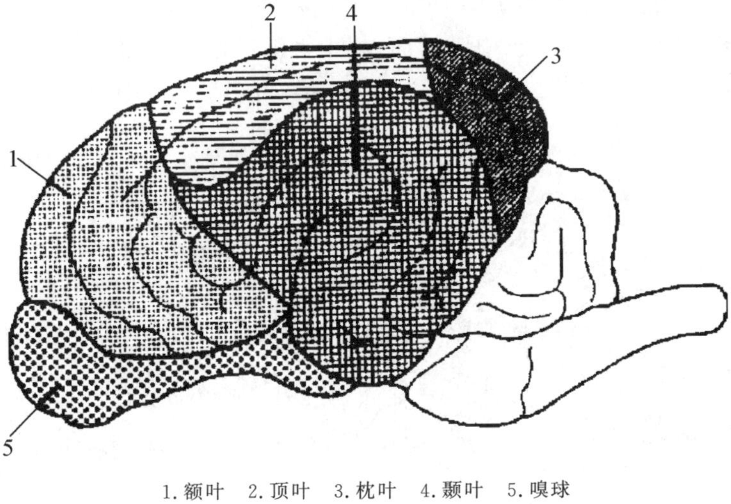

1. 额叶　2. 顶叶　3. 枕叶　4. 颞叶　5. 嗅球

图 10-8　犬的大脑半球各叶(外侧观)

2. 大脑白质

大脑白质位于皮质深面,由神经纤维构成。这些纤维把脑的各部以及和脊髓联系起来,再通过外周和各个器官联系起来,因而大脑皮质能支配机体的所有的活动。

3. 基底核

基底核是埋藏在大脑白质中的灰质核团,因其位置接近脑底面而得名。其中最主要的是尾状核和豆状核。在 2 核之间有上下行纤维构成的内囊(图 10-9)。

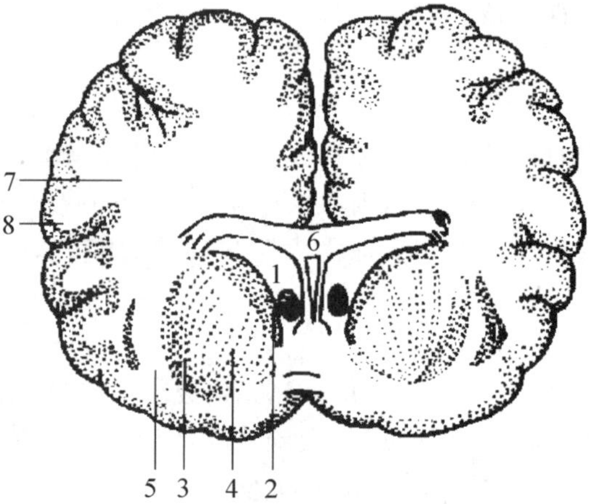

1. 侧脑室 2. 尾状核 3. 豆状核 4. 内囊 5. 外囊 6. 胼胝体 7. 白质 8. 灰质

图 10-9 大脑神经核(大脑横断面)

在大脑半球底面还有嗅脑,其功能与嗅觉有关。

图 10-10 显示了犬的脑正中纵切面,其中大脑半球的内侧壁部分已被切除。

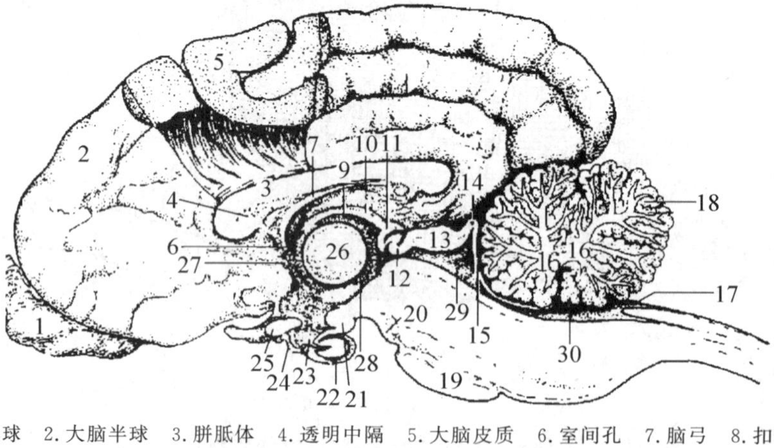

1. 嗅球 2. 大脑半球 3. 胼胝体 4. 透明中隔 5. 大脑皮质 6. 室间孔 7. 脑弓 8. 扣带回 9. 丘脑 10. 丘脑上部 11. 松果体 12. 大脑后联合 13,14. 前丘及其后丘联合 15. 前髓帆 16. 小脑髓质 17. 后髓帆 18. 小脑皮质 19. 脑桥 20. 大脑脚 21. 乳头体 22. 垂体 23. 漏斗 24. 灰结节 25. 视交叉 26. 中间块 27. 大脑前联合 28. 第 3 脑室 29. 中脑导水管 30. 第 4 脑室

图 10-10 犬的脑正中纵切面(大脑半球的内侧壁部分切除)

三、脑脊膜、脑脊液和血脑屏障

(一)脑脊膜

在脑和脊髓表面都包有 3 层膜，由内向外依次为软膜、蛛网膜和硬膜(图 10-11)。它们有保护和支持脑、脊髓的作用。

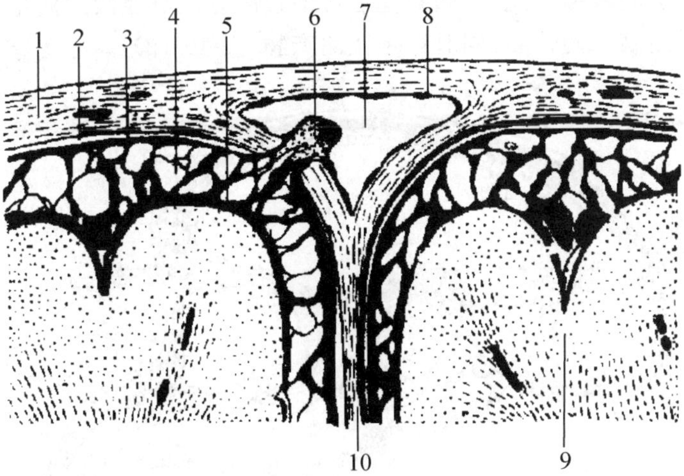

1.硬膜　2.硬膜下腔　3.蛛网膜　4.蛛网膜下腔　5.软膜
6.蛛网膜绒毛　7.静脉窦　8.内皮　9.大脑皮质　10.大脑镰

图 10-11　脑脊膜构造模式图

1.软膜

软膜薄而富有血管，紧贴于脑和脊髓表面，分别称为脑软膜和脊软膜。脑软膜上的毛细血管突入各脑室腔内形成脉络丛，可产生脑脊液。

2.蛛网膜

蛛网膜也很薄，包在软膜的外面。蛛网膜与软膜之间有一较阔的腔隙，称蛛网膜下腔，内有脑脊液。

3.硬膜

硬膜是一层较坚韧的纤维膜，包被脑的部分称脑硬膜，包被脊髓的部分称脊硬膜。脑硬膜紧贴颅腔壁，其间无腔隙存在。在脊硬膜与椎管之间有一较宽的腔隙，称为硬膜外腔，腔内还有静脉和脂肪。兽医临床上做的硬膜外麻醉就是将麻醉药从腰荐间隙处注入硬膜外腔，以麻醉脊神经根。在硬膜与蛛网膜之间的狭窄腔隙，称为硬膜下腔。

(二)脑脊液

脑脊液是由各脑室脉络丛产生的无色透明的液体。正常情况下,脑脊液的产生与吸收是保持动态平衡的,如果这种平衡遭到破坏,便可引起脑积水和颅内压升高,脑组织受到压迫,而出现神经症状。

脑脊液充满各脑室、脊髓中央管和蛛网膜下腔中,具有缓冲作用,可以保护脑和脊髓免受外力的震荡。此外,脑脊髓还可通过脑脊液与血液之间进行物质交换,即由脑脊液供给脑脊髓营养,同时运走代谢产物(图 10-12)。

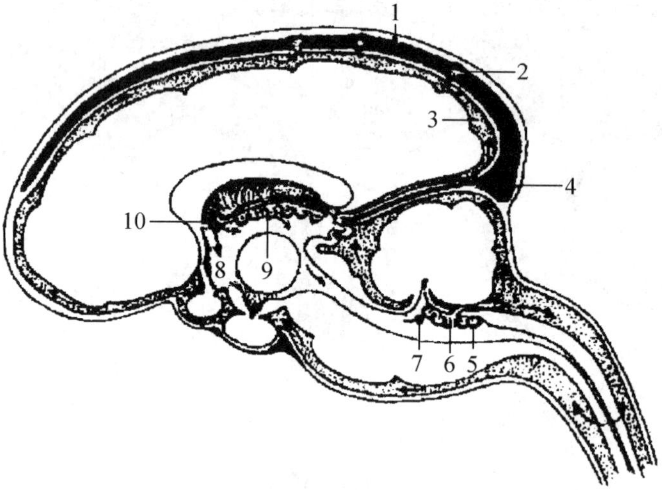

1. 背侧矢状窦 2. 蛛网膜粒 3. 蛛网膜下腔 4. 小脑幕 5. 第 4 脑室 6. 第 4 脑室脉络丛 7. 第 4 脑室开口 8. 第 3 脑室 9. 第 3 脑室脑络丛 10. 室间孔

图 10-12 脑脊液的形成和循环

(三)血脑屏障

有人曾将一种叫台盼蓝的染料注入兔的静脉,结果除脑组织以外的体内其他器官都被染成蓝色。这一事实说明,血液和脑组织之间存在某种屏障,这种屏障称为血脑屏障。血脑屏障的构成与脑内毛细血管结构特点有关:脑内毛细血管内皮上无孔;而且内皮细胞间连接紧密,无间隙;同时,脑内毛细血管的外表面有 1 层由神经胶质细胞突起形成的胶质膜包围着,它使血管不与神经细胞直接接触。所以,血脑屏障可防止有害物质(如毒素、药物、病原微生物等)进入脑内损害神经细胞。

第三节 外周神经系统

外周神经系统包括脊神经、脑神经和植物性神经。它们一端连于脊髓或脑,另一端连于全身的感受器或效应器。根据功能不同，可分为3类，即将感觉冲动由感受器传向中枢的感觉神经（也称传入神经）将神经冲动由中枢传向器官而引起肌肉收缩或腺体分泌的运动神经（也称传出神经）以及既有感觉神经纤维又有运动神经纤维构成的混合神经。根据分布不同，可将外周神经分为脊神经、脑神经和植物性神经。前两者又称为躯体神经。

一、脊神经

脊神经连接于脊髓，由感觉神经纤维合成背根进入脊髓的背角，由脊髓的腹角发出的运动神经纤维合成腹根，背根和腹根在出椎间孔前相合而成脊神经。所以，脊神经是混合神经。脊神经出椎间孔后，分背侧支和腹侧支，每支也都是混合神经。背侧支细，分布于脊柱背侧如颈背部、鬐甲、背腰部等的肌肉和皮肤，腹侧支较粗，分布于脊柱腹侧（胸腹壁）及四肢的肌肉和皮肤。

按照脊神经从脊髓发出的部位不同，可分为颈神经、胸神经、腰神经、荐神经和尾神经。犬的脊神经有35～38对，其中颈神经8对，胸神经13对，腰神经7对，荐神经3对，尾神经4～7对；猫的脊神经有38～39对，其中尾神经7～8对，其余同犬。

脊神经分支很多，分布很广，现将常用脊神经腹侧支的分支情况介绍如下。

（一）躯干神经

1. 膈神经

膈神经由第5，6，7对颈神经腹侧支连合而成，经胸前口入胸腔，沿纵隔后行，分布于膈。

2. 肋间神经

肋间神经为胸神经腹侧支。在每一肋间沿肋间动脉后缘下行，分布于肋间肌及其皮肤，其中最后1对肋间神经在第1腰椎横突末端前下缘进入腹壁，分布于腹肌和腹部皮肤。

3. 髂下腹神经

髂下腹神经为第1腰神经腹侧支。经过第2，3腰椎横突之间进入腹壁肌肉，分布于腹肌和腹部皮肤。

掌握上述神经的行程及分布，与腹壁手术时的腰旁麻醉有密切的关系。

（二）前肢神经

分布于前肢的神经由臂神经丛发出。臂神经丛是由最后3对颈神经腹侧支和第1，2对胸神经腹侧支连合而成，位于肩关节内侧。由此丛发出的神经有肩胛上神经、肩胛下神经、腋神经、桡神经、尺神经和正中神经等。其中正中神经是前肢最长的神经，由臂神经丛向下伸延到指(图 10-13)。临床上常见的是由肩胛上神经和桡神经麻痹引起的跛行。

(三)后肢神经

分布于后肢的神经由腰荐神经丛发出。腰荐神经丛由后 3 对腰神经及前 2 对荐神经腹侧支构成，位于腰荐部腹侧。由此丛发出的神经有股神经、坐骨神经、胫神经、腓神经、跖内侧神经和跖外侧神经(图 10-14)。临床常见的是由股神经和坐骨神经麻痹引起的跛行。

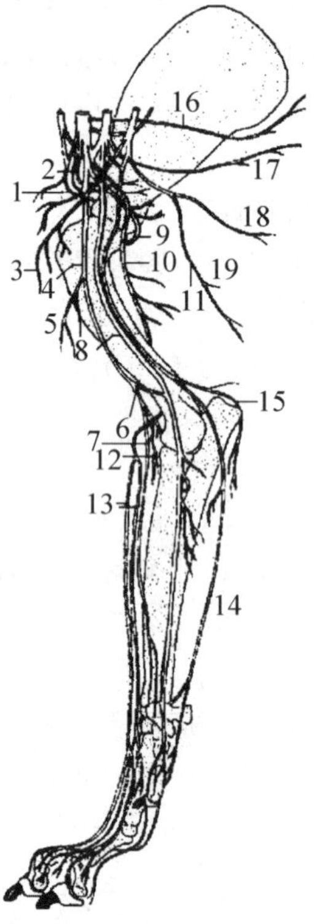

1.肩胛上神经　2.肩胛下神经　3.胸前神经
4.肌皮神经　5.近侧肌支　6.远侧肌支
7.前臂内侧皮神经　8.正中神经　9.腋神经
10.桡神经　11.分布于伸肌的肌支
13.前臂背侧皮神经　14.尺神经
15.前臂掌侧皮神经　16.胸长神经
17.胸背侧神经　18.胸外侧神经
19.胸后神经

图 10-13　犬的前肢神经(内侧观)

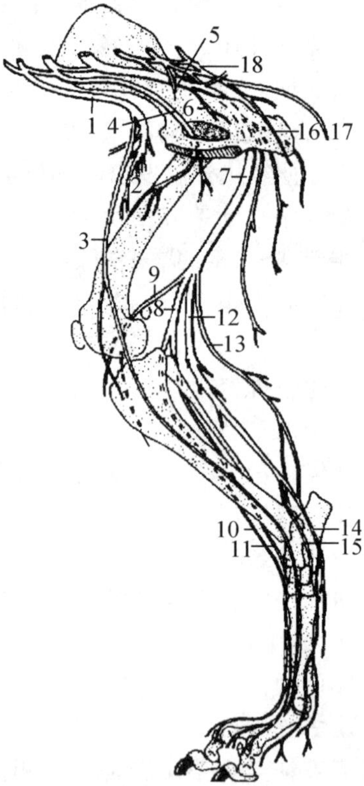

1.股神经　2.分布于股四头肌的肌支　3.隐神经
4.闭孔神经　5.盆神经　6.分布于闭孔内肌、股方肌等肌支
7.坐骨神经　8.腓总神经　9.小腿外侧皮神经
10.腓浅神经　11.腓深神经　12.胫神经
13.小腿跖内侧皮神经　14.足底内侧神经
15.足底外侧神经　16.阴部神经
17.股后皮神经　18.直肠后神经

图 10-14　犬的后肢神经(内侧观)

二、脑神经

脑神经共 12 对，与脑直接相连。根据脑神经所含神经纤维的性质不同，分为感觉神经、运动神经和混合神经(图 10-15，图 10-16 及表 10-2)。其中第Ⅲ，Ⅳ，Ⅸ，Ⅹ对脑神经中还含有副交感神经纤维。

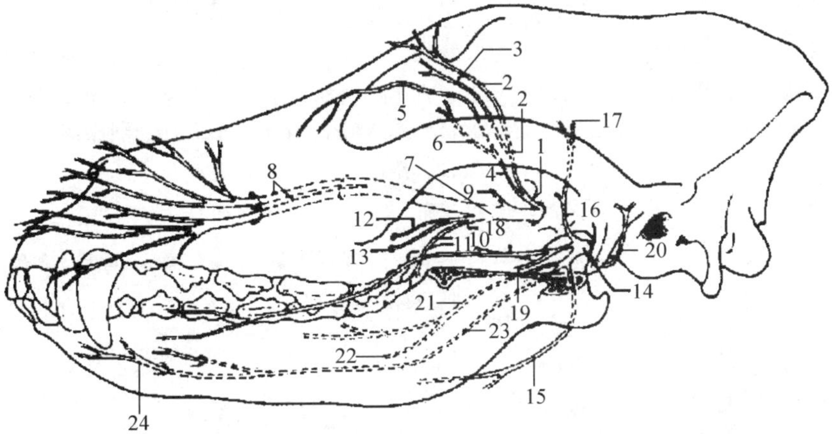

1.眼神经 2.额神经 3.泪腺神经 4.鼻睫神经 5.滑车下神经 6.筛神经 7.上颌神经 8.眶下神经 9.颧神经 10.翼腭神经 11.腭小神经 12.鼻后神经 13.腭大神经 14.下颌神经 15.颌舌骨肌神经 16.咬肌神经 17.颞深神经 18.颊神经 19.翼肌神经 20.耳颞神经 21.舌神经 22.舌下神经 23.下齿槽神经 24.颏神经

图 10-15 犬的三叉神经分布模式图

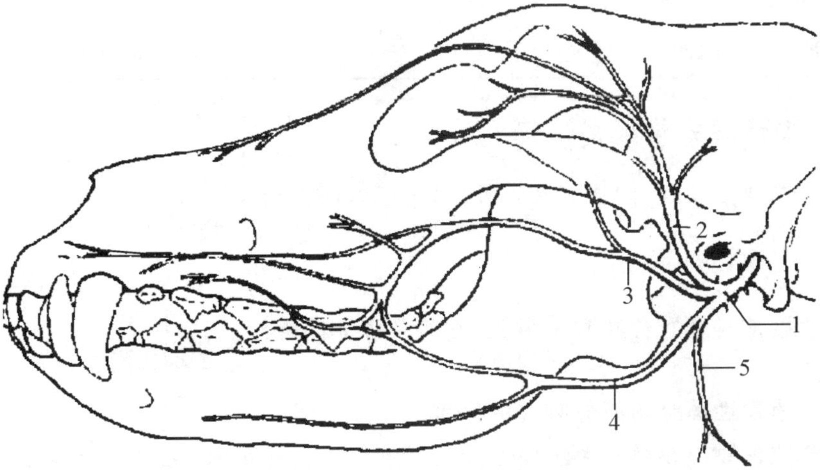

1.面神经 2.耳睑神经 3.上颊支 4.下颊支 5.颈支

图 10-16 犬的面神经分布模式图

表 10-2 脑神经分布简表

顺序及名称	连脑部位	性质	分布范围	机能
Ⅰ.嗅神经	嗅球	感觉	鼻黏膜嗅区	嗅觉
Ⅱ.视神经	间脑	感觉	视网膜	视觉
Ⅲ.运动神经	中脑	运动	眼球肌	眼球运动
Ⅳ.滑车神经	中脑	运动	眼球肌	眼球运动
Ⅴ.三叉神经	脑桥	混合	头部肌肉、皮肤、泪腺、结膜、口腔、齿、髓、舌、鼻等	头部皮肤、鼻腔、口腔、舌等感觉;咀嚼肌运动
Ⅵ.外展神经	延髓	运动	眼球肌	眼球运动
Ⅶ.面神经	延髓	混合	鼻唇肌肉、耳肌、眼睑肌、唾液腺等	面部感觉、运动,唾液分泌
Ⅷ.听神经	延髓	感觉	内耳	听觉和平衡觉
Ⅸ.舌咽神经	延髓	混合	舌、咽	咽肌运动、味觉、舌部感觉
Ⅹ.迷走神经	延髓	混合	咽、喉、食管,胸腔、腹腔内大部分脏器和腺体等	咽、喉及内脏器官的感觉和运动
Ⅺ.副神经	延髓和颈部脊髓	运动	斜方肌、臂头肌、胸头肌	头、颈、肩带部的运动
Ⅻ.舌下神经	延髓	运动	舌肌	舌的运动

附:脑神经名称记忆口诀

一嗅二视三动眼,四滑五叉六外展,七面八听九舌咽,十迷一副舌下全。

三、植物性神经

植物性神经是指分布到平滑肌、心肌及腺体的神经(图 10-17)。

(一)植物性神经与躯体神经的区别

植物性神经与躯体神经(脊神经与脑神经)在分布、机能和形态结构的区别如下:

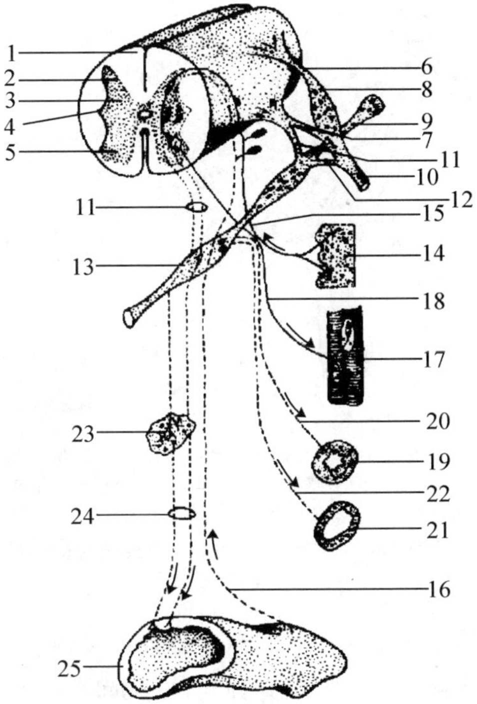

1.白质　2.灰质　3.背角　4.侧角　5.腹角　6.背根　7.腹根　8.脊神经节　9.交感神经干
10.脊神经　11.节前纤维　12.节后纤维　13.椎神经节　14.皮肤　15.传入神经
16.内脏传入神经纤维　17.骨骼肌　18.支配骨骼肌的传出神经纤维　19.血管平滑肌
20.支配血管的传出神经纤维　21.皮脂腺　22.支配腺体的传出神经纤维
23.椎下神经节　24.节后纤维　25.内脏(肠或其他器官)

图 10-17　植物性神经构造模式图

①躯体神经支配骨骼肌,植物性神经支配平滑肌、心肌和腺体。

②在功能上,躯体神经都受意识支配;而植物性神经则不受意识的直接控制。

③在结构上,躯体神经从中枢发出后直达所支配的骨骼肌;而植物性神经从中枢发出后,不直达效应器,要在植物性神经节中交换 1 次神经元,再由第 2 个神经元发出纤维到达所支配的效应器。因此,植物性神经从中枢到达效应器有 2 个神经元,第 1 个神经元为节前神经元,其胞体在中枢内,它发出的轴突称节前纤维;第 2 个神经元为节后神经元,其胞体在植物性神经节内,它发出的轴突称为节后纤维。

(二)植物性神经的结构、分类

根据中枢位置和功能不同,将植物性神经分为交感神经与副交感神经(图 10-18)。

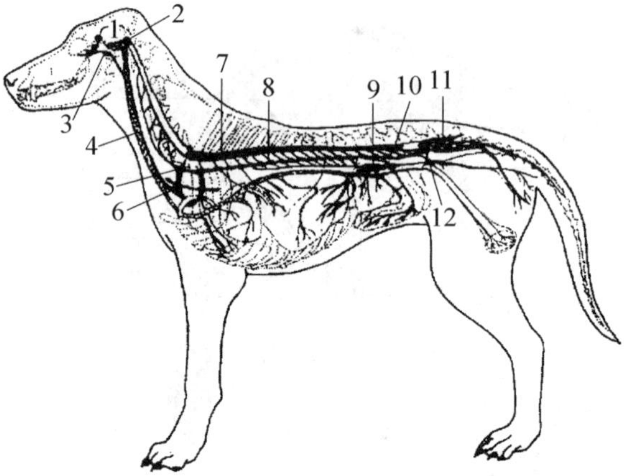

1.脑　2.脑干的副交感神经中枢　3.颈前神经节　4.迷走交感神经干　5.颈胸神经节
6.颈中神经节　7.脊髓的交感神经起始部　8.交感神经干　9.腹腔神经节
10.肠系膜前神经节　11.副交感神经的荐部中枢　12.肠系膜后神经节

图 10-18　犬的植物性神经系模式图

1.交感神经

交感神经节前神经元的胞体位于胸部及腰部前半部分脊髓的灰质侧柱内，从此发出的节前纤维随脊神经腹侧根至脊神经，出椎间孔离开脊神经到达交感神经干。交感神经干是由许多椎神经节和连接这些椎神经节的交感神经纤维组成。

交感神经干分为颈部、胸部、腰部和荐尾部。颈部交感神经干与迷走神经并行，外包结缔组织膜，称为迷走交感干。交感神经节前纤维进入椎神经节后，一部分在椎神经节内交换神经元，其节后纤维离开交感神经干，又返回到脊神经，随脊神经分布到体壁和四肢的血管、汗腺、竖毛肌等处。另一部分在一定的椎神经节内交换神经元，其节后纤维，有的分布于头面部的平滑肌和腺体，有的分布于心、肺、食管等器官。还有一部分节前纤维，只是通过椎神经节而至椎下神经节内交换神经元，其节后纤维分布到腹腔、骨盆腔内的器官。

主要交感神经节及其节后纤维的分布如下：

(1)颈前神经节　呈纺锤形，位于寰枕关节下方。它发出的节后纤维随颈部动脉分布于头部血管、唾液腺、泪腺、汗腺和瞳孔开大肌。

(2)星状(颈胸)神经节　形状不规则，位于第1肋骨上端的内侧。其节后神经纤维分布于胸腔器官，如心、肺、气管、主动脉和食管。

(3)腹腔肠系膜前神经节　位于腹腔动脉和肠系膜前动脉起始部的周围。由该神经节发出的节后纤维与迷走神经一起形成许多神经丛，随腹腔动脉和肠系膜前动脉而分布于腹腔器官，如胃、肝、脾、胰、小肠、盲肠、结肠、肾和肾上腺。

(4)肠系膜后神经节　位于肠系膜后动脉起始部，其节后纤维分布于结肠后部及生殖器官等。

2.副交感神经

副交感神经节前神经元的胞体位于脑干和荐部脊髓灰质侧柱内。因此，常将副交感神经分为头部副交感神经和荐部副交感神经2部分。其节后神经元胞体位于所支配器官壁内或附近的副交感神经节内，故副交感神经的节前纤维较长，节后纤维较短。

(1)头部副交感神经　从脑干发出的节前纤维，随动眼神经、面神经、舌咽神经和迷走神经一起行走，在所支配器官附近或壁内的神经节交换神经元，节后纤维支配器官的运动或腺体分泌。迷走神经是体内分布最广，行程最长的混合神经。它起于延髓，出颅腔后行，在颈部与交感神经干形成迷走交感干，经胸腔至腹腔，伴随动脉分布于胸腹腔器官，如心、肺、胃、气管、食管、肝、脾、胰、肠、肾和肾上腺(图10-19)。迷走神经在颈前端分出侧支分布于咽、喉、食管和气管等。

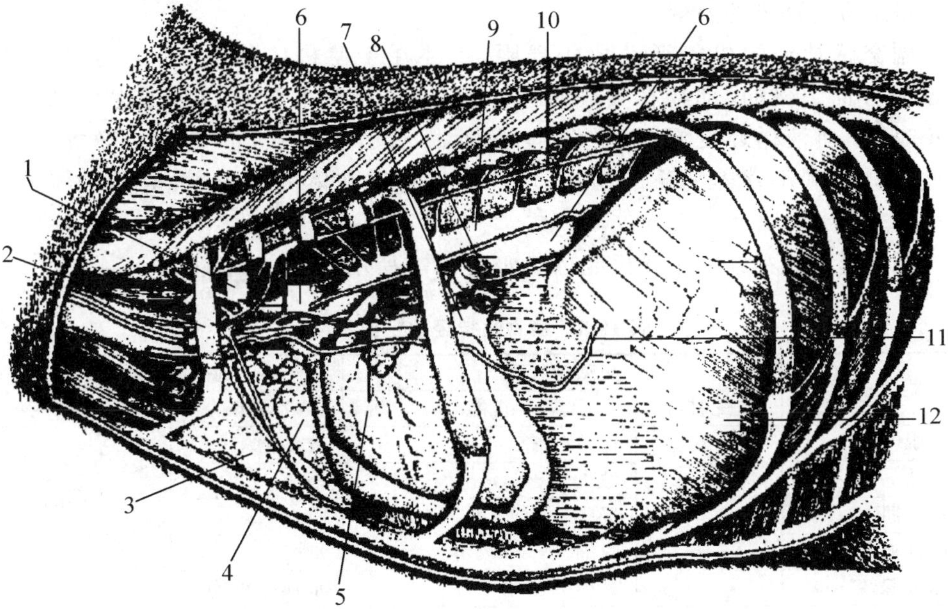

1.颈长肌　2.左锁骨下动脉　3.胸内动脉和静脉　4.胸腺　5.肺动脉　6.食管　7.肺静脉　8.左主支气管、背侧和腹侧迷走神经干　9.主动脉　10.交感神经干　11.膈神经　12.膈

图10-19　犬的胸腔(左外侧观，肺和大部分心包已切除)

(2)荐部副交感神经　自荐部脊髓发出，出椎管后，形成2～3支盆神经，分布于盆腔器官(膀胱、直肠和生殖器官)。

副交感神经不分布于四肢和体壁的血管、皮肤、汗腺和竖毛肌。

(三)植物性神经的主要机能

植物性神经的主要机能在于调节平滑肌、心肌、腺体(消化腺、汗腺及内分泌腺等)的活动。内脏器官一般是受交感神经和副交感神经的双重支配,这 2 种神经对同一内脏器官的调节作用是相反的,是互相协调统一的,从表面来看是彼此相反作用的调节,却并不是对抗,而是彼此相互影响,使脏器活动既不过分增强,也不过分减弱,而保持动态平衡,相对稳定状态,有利于机体的正常生活。

交感神经的机能活动一般比较广泛,主要作用在于促使机体能适应环境的急骤变化。例如,机体在剧烈运动、窒息和大失血等情况时,交感神经兴奋,出现心率加快,皮肤与腹腔内脏的血管收缩,血压上升,血流加快,促进大量血液流向脑、心及骨骼肌,支气管扩张,肺的通气量增大,肾上腺素分泌增加,肝糖原分解加速,血糖升高等。同时,消化及泌尿系统的活动受到抑制。上述一系列的活动,说明交感神经在应激状态下,即环境急骤变化的条件下,它的主要机能是动员许多器官的潜在力量来应付环境的急变。

副交感神经的机能活动比较局限,主要在于使机体休整,促进消化,贮存能量等方面。例如,动物在安静状态时,副交感神经的活动相对占优势,因而,心率减慢,血液循环变慢,糖类分解减少,胃肠运动增强,消化液分泌增加等,这些活动有利于营养物质的同化,增加能量物质在体内的积累,提高机体的贮备力量。

现将植物性神经的主要机能总结如表 10-3 所示。

表 10-3　植物性神经的主要机能

器官	交感神经系		副交感神经系	
	支配神经	机能	机能	支配神经
泪腺	颈部交感神经	血管收缩	分泌增多	头部副交感神经
瞳孔		散大	缩小	
睫状肌		舒张	收缩	
面部血管		收缩	舒张	
唾液腺		黏稠分泌物	水样分泌物	
心搏动	胸部交感神经	兴奋(心室收缩力增强)	抑制	迷走神经
心房		收缩力增强	收缩力减弱	
冠状血管		扩张	扩张	
支气管平滑肌		弛缓	收缩	
食管肌		弛缓(?)	收缩	
肠运动		抑制	兴奋	
胃、肠、胰的分泌		抑制(?)	增加	

续表 10-3

器官	交感神经系		副交感神经系	
	支配神经	机能	机能	支配神经
肾上腺髓质	内脏神经	分泌增加	—	
脾		收缩	—	
胃肠括约肌		收缩	弛缓	
膀胱	腹后神经丛	弛缓	收缩	盆神经
雄性生殖器官		射精	勃起	
子宫		不定	不定	
体躯、四肢血管	脊髓神经	收缩(骨骼肌肉的血管除外)	—	—
汗腺		分泌增多	—	
竖毛肌		收缩	—	

本章小结

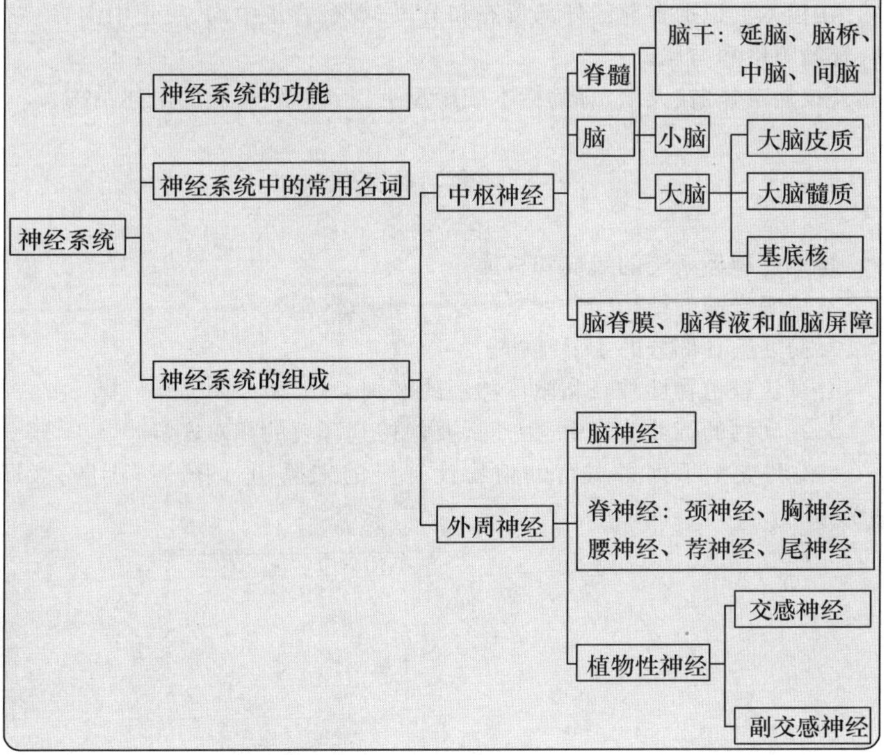

技能训练

脑、脊髓的形态构造识别

【目的要求】掌握脑和脊髓的形态构造。

【材料设备】脑和脊髓的浸泡标本，脑正中矢状面显示脑各部构造和脑室的标本、脑干标本，脑、脊髓的形态构造图。

【方法步骤】

1. 脑

(1)脑的外部观察　在脑的背侧面观察大脑半球、小脑板球、蚓脑，脑沟、脑回；在脑的腹侧面观察嗅球、视神经交叉、脑垂体、大脑角、脑桥和延髓等。

(2)脑的各部结构　在脑的正中矢状面上，观察胼胝体、灰质、白质、延髓、脑桥、中脑、间脑及脑室等。

2. 脊髓

在标本上识别脊髓的外部形态和分段，观察背正中沟、腹正中沟、颈膨大、腰膨大、脊髓圆锥和马尾。

【技能考核】在犬脑、脊髓标本或模型上，指出脑、脊髓的上述结构。

复习思考题

1. 概述神经系统的组成和机能。

2. 说明脊髓的结构。

3. 简述脑各部分的主要结构。

4. 试比较植物性神经和躯体神经的区别。

5. 在动物的饲养管理中，为什么要保持其环境的相对安静？

6 说明支配下列各器官的植物性神经的来源：心；肝；肾；小肠；大肠；子宫；膀胱。

第十一章 内分泌系统

知识目标：掌握内分泌系统的组成和垂体、甲状腺、肾上腺等的位置形态和结构特点。

技能目标：能在新鲜尸体上准确地指出上述内分泌腺的位置。

第一节 概 述

腺体可分为2大类：一类是外分泌腺，其分泌物一般由导管排出，故也称为有管腺，如唾液腺、肝、胰、汗腺等。另一类是内分泌腺，又称为无导管腺，这些内分泌腺和散在于机体各处的内分泌细胞构成了内分泌系统(图11-1)。其分泌物是一种具有高效能生物活性物质，统称为激素。激素通过渗透到毛细血管和毛细淋巴管直接进入血液循环，以体液调节的形式，对相应的细胞、组织或器官发生一定的生物效应。不同的激素作用于不同的细胞和器官，常把激素作用的细胞、组织或器官，称为靶细胞、靶组织或靶器官。各种内分泌腺的功能活动相互联系、相互制约，它们在中枢神经系统的控制下分泌各种激素，激素又反过来影响神经系统的功能，从而实现神经体液调节，维持机体的正常生理活动，保持内环境的动态平衡，以适应内、外环境的变化。内分泌腺发生病变，常导致激素分泌过多或不足，造成内分泌功能亢进或低下从而出现机体发育异常或行为障碍等症状。

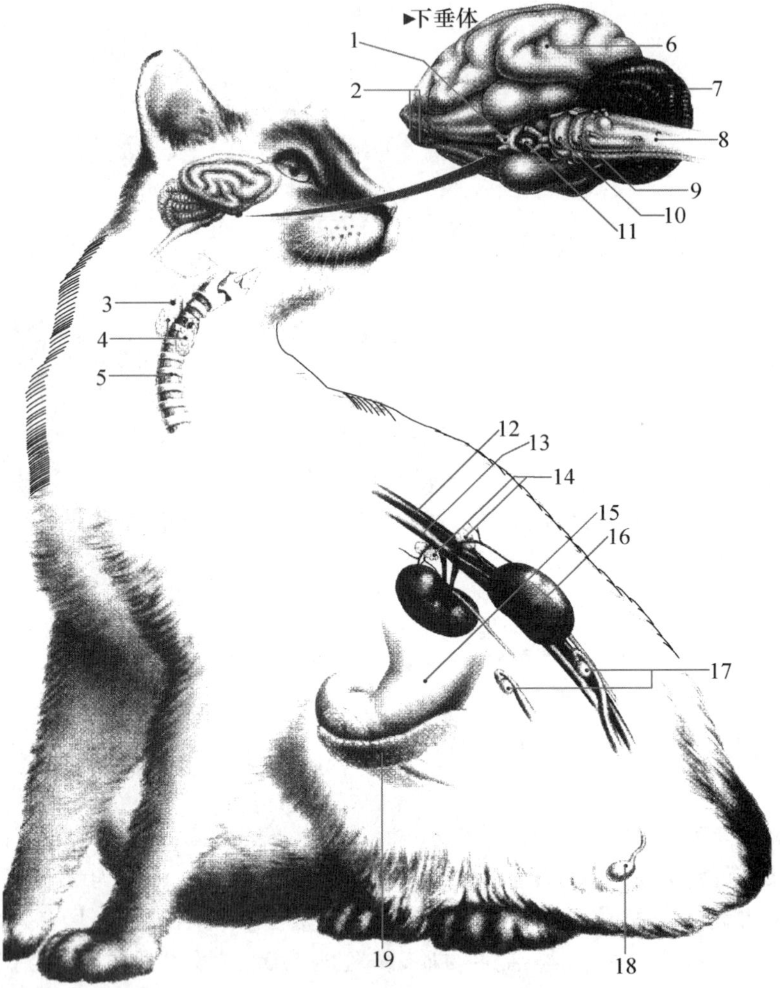

1.视神经 2.嗅球 3.甲状旁腺 4.甲状腺 5.气管 6.大脑 7.小脑 8.延髓 9.脑桥 10.间脑 11.下垂体 12.腹主动脉 13.后腔静脉 14.肾上腺 15.胃 16.肾脏 17.卵巢 18.睾丸 19.胰腺

图 11-1 猫主要的内分泌器官

第二节 垂 体

一、垂体的位置和形态

垂体位于脑底面垂体窝内，借垂体柄与下丘脑相连。中型犬约有 1 cm×

0.75 cm×0.5 cm 大小，颜色较暗，呈椭圆形，被硬脑膜所包裹。

二、垂体的构造和功能

根据其组织发生和结构特点，脑垂体可分为腺垂体和神经垂体 2 部分(图 11-2)。腺垂体分泌多种激素，包括生长激素、催乳激素、促甲状腺激素、促卵泡激素、促肾上腺皮质激素、黄体生成素等。

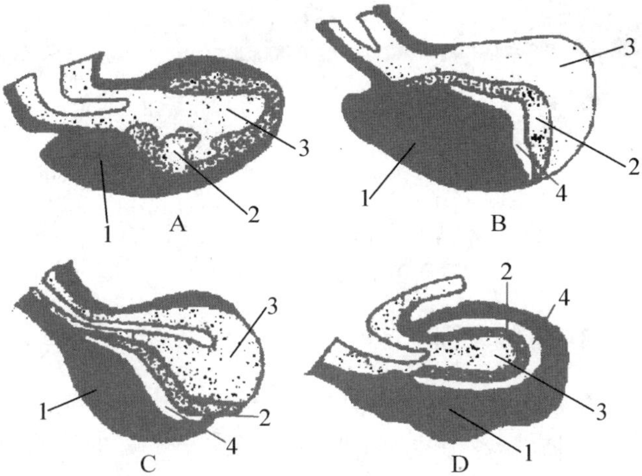

A. 马　B. 牛　C. 猪　D. 犬
1. 远侧部　2. 中间部　3. 神经部　4. 垂体部

图 11-2　垂体构造模式图

在神经垂体中贮存并释放入血的激素有 2 种，即催产素和抗利尿激素。催产素具有刺激子宫平滑肌和乳腺肌上皮细胞收缩的作用；抗利尿激素具有刺激血管收缩，促进肾小管重吸收的作用。催产素和抗利尿激素由下丘脑的视上核和室旁核合成，沿轴索到垂体后叶毛细血管网中释放。

第三节　甲　状　腺

一、甲状腺的位置和形态

甲状腺位于喉后方，前 2～5 气管环两侧，呈红褐色，表面光滑，大小约 6 cm×1.5 cm×0.5 cm。可分为左右 2 个细长侧叶和中间不发达的峡部(图 11-3)。

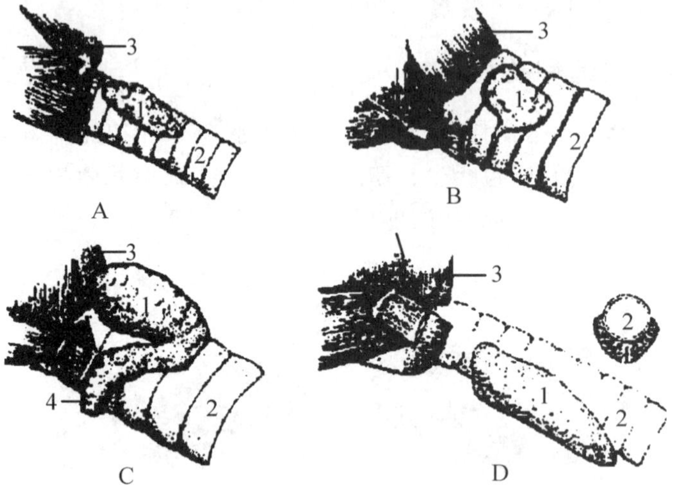

A.犬　B.马　C.牛　D.猪　1.甲状腺　2.气管　3.环咽肌　4.甲状腺峡部

图 11-3　甲状腺

二、甲状腺的构造和功能

甲状腺是一个富含血管的实质器官，表面有1层薄的结缔组织被膜，被膜深入实质内，将腺组织分割成许多小叶。小叶内充满大小不等的滤泡以及分散在滤泡间的滤泡旁细胞。滤泡上皮细胞为单层立方上皮，甲状腺素的合成、贮存、碘化、重吸收和分泌过程均是甲状腺上皮细胞机能活动的结果。甲状腺素的主要作用是促进机体新陈代谢，维持机体正常的生长发育，特别是影响骨骼和神经系统的发育。甲状腺实质的大小，随着饲料中碘含量的多少而有显著变动，如果碘缺乏，甲状腺将明显增大，出现甲状腺肿胀，世界上许多地区为防止缺碘性疾病的发生，往往在食盐中添加碘。滤泡旁细胞主要分泌降钙素，通过抑制骨钙的吸收而降低血钙。

第四节　甲状旁腺

一、甲状旁腺的位置和形态

甲状旁腺有1对，形如粟粒状，位于甲状腺前端附近或埋于甲状腺内。当显露于甲状腺表面时，可以根据颜色加以区别，甲状旁腺的颜色明显淡于周围的甲状腺组织。

二、甲状旁腺的构造和功能

甲状旁腺为实质器官，由被膜和实质组成。实质细胞可分泌甲状旁腺素，具有增强破骨细胞活动，使骨质溶解；促进小肠对钙的吸收和肾对钙的重吸收的作用，从而升高血钙。

第五节　肾　上　腺

一、肾上腺的位置和形态

肾上腺位于肾的前内侧，成对，右肾上腺略呈梭形，左肾上腺稍大，呈扁梭形，前宽后窄，背腹侧扁平。中型犬的肾上腺平均大小为 2.5 cm×1.0 cm×0.5 cm（图 11-4）。

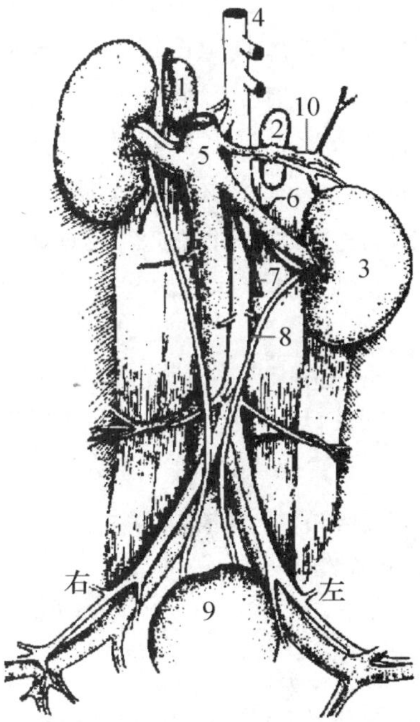

1.右肾上腺　2.左肾上腺　3.左肾　4.主动脉　5.后腔静脉
6.肾的血管　7.卵巢静脉　8.输尿管　9.膀胱　10.膈的血管

图 11-4　犬肾上腺的局部解剖(腹侧观)

二、肾上腺的构造和功能

肾上腺为实质器官，由表面的结缔组织被膜和实质构成。实质可分为外周的皮质和深部的髓质。这 2 部分来源和功能都不相同。皮质呈黄褐色，主要分泌盐皮质激素、糖皮质激素和少量的性激素，盐皮质激素可以调控肾远曲小管和集合管重吸收 Na^+ 和排出 K^+，维持机体电解质的平衡；糖皮质激素对机体蛋白质、脂肪和碳水化合物的代谢均有调节作用，还有降低免疫应答和抗炎症作用。髓质呈灰色或肉色，分泌肾上腺素和去甲肾上腺素，其机能等同于交感神经作用，肾上腺素能提高心肌的兴奋性，使心跳加快；去甲肾上腺素可使血管收缩，血压升高。

第六节 松 果 体

松果体又称松果腺，是红褐色卵圆形小体，位于四迭体与丘脑之间，以柄连接于丘脑后上部。松果体主要由松果体细胞形成，外由被膜包裹并深入实质，将其分割成若干小叶，小叶内充满松果体细胞等结构。

松果体细胞分泌褪黑激素，具有抑制腺垂体促性腺激素的释放、间接影响性腺发育的作用，如果将年幼动物的松果体切除，即出现早熟。此外，松果体内还含有大量的 5-羟色胺和去甲肾上腺素等物质。光照能够抑制松果体合成褪黑激素，促进性腺活动。对于季节性发情的动物，松果体起着调节性腺活动的生物钟作用。

第七节 胰腺内的内分泌组织——胰岛

胰岛是分散于胰腺中大小不等的细胞群。主要有 α 和 β 2 种细胞。α 细胞分泌胰高血糖素，β 细胞分泌胰岛素。

一、胰岛素

胰岛素的作用主要有以下 3 个方面：

①促进肝糖原生成和葡萄糖分解以及由糖转变为脂肪，从而使血糖降低。因此，胰岛素分泌不足时，血糖升高，导致糖尿病。

②促进体内脂肪的贮存，抑制脂肪分解，使血中游离脂肪酸减少。因此，胰岛

素分泌不足时，脂肪即大量分解，血内的脂肪酸增高，在肝内不能充分氧化而转化为酮体，出现酮血症并伴有酮尿，严重时可导致酸中毒和昏迷。

③促进氨基酸进入细胞内，使细胞内蛋白质合成加快。

二、胰高血糖素

胰高血糖素的作用与胰岛素相反，它能加速肝糖原的分解，促进脂肪分解和糖生成，因而可使血糖升高。

第八节 性腺内的内分泌组织

性腺是指雄性动物的睾丸和雌性动物的卵巢，除产生精子和卵子外，还有分泌性激素的机能。

一、睾丸内的内分泌组织

睾丸内的内分泌组织是指位于精曲细管间的间质细胞，它分泌雄性激素，其主要成分是睾丸酮。雄性激素的作用是促进雄性生殖器官的发育和机能活动，促进雄性动物第二性征（如发达的肌肉、较重的骨骼、凶猛的习性和发达的犬齿）的出现并维持其正常状态。同时，刺激雄性动物产生性欲。

二、卵巢内的内分泌组织

（1）卵泡内膜细胞可分泌雌激素，其中作用最强的是雌二醇 雌激素可促进雌性动物生殖器官和乳腺的发育，促进第二性征（如个体较小、乳房饱满、骨盆宽阔、皮下脂肪多、肌肉柔软和性情温和等）的出现，并维持其正常状态。同时，刺激雌性动物产生性欲和促进发情。

（2）黄体可分泌孕激素 卵巢排卵后，残留在卵泡壁的卵细胞演化成黄体细胞，形成黄体。黄体可分泌孕激素，又称孕酮或黄体酮。孕激素可刺激子宫腺分泌子宫乳，保证受精卵的附植和发育。同时，可抑制子宫平滑肌的活动和对催产素的反应，保证胎儿的安全发育，故有保胎作用；还可以进一步刺激乳腺的发育完全，准备泌乳。

本章小结

- 内分泌系统
  - 外分泌腺（有管腺）
  - 内分泌腺（无管腺），其分泌物统称激素，激素随血液循环以体液调节的形式，对相应的细胞、组织或器官发生一定的生物效应
  - 垂体
    - 腺垂体，分泌多种激素
    - 神经垂体
      - 催产素
      - 抗利尿激素
  - 甲状腺
    - 甲状腺素
    - 降钙素
  - 甲状旁腺，分泌甲状旁腺素
  - 肾上腺
    - 皮质
      - 糖皮质激素
      - 盐皮质激素
      - 性激素（少量）
    - 髓质
      - 肾上腺素
      - 去甲肾上腺素
  - 松果体
  - 胰岛
    - 胰岛素
    - 胰高血糖素
  - 睾丸内间质细胞，分泌雄性激素
  - 卵巢内卵泡内膜细胞，分泌雌性激素
  - 卵巢内黄体内膜细胞，分泌孕激素

技能训练

脑垂体、甲状腺、肾上腺位置和形态的识别

【目的要求】通过训练正确掌握脑垂体、甲状腺、肾上腺的位置，观察其形态。

【材料设备】活犬、解剖器械等。

【方法步骤】

①将活犬确实保定，颈动脉放血致死。

②沿颈部腹侧正中线切开皮肤，在喉后部气管两侧分离出甲状腺，观察甲状腺的颜色、大小、形态等。

③沿腹正中线打开腹腔，摘除消化系统后，在肾的前内侧观察肾上腺的颜色、位置、形态、大小。

④打开颅腔，在脑腹侧蝶骨的垂体窝内挖出脑垂体，观察脑垂体的颜色、位置、形态、大小等。

【技能考核】准确掌握脑垂体、甲状腺和肾上腺的位置、形态，并能说明其主要功能。

复习思考题

1. 什么叫内分泌腺？什么叫外分泌腺？二者有何区别？

2. 简述激素的概念。

3. 简述脑垂体的位置和所分泌的激素的种类。

4. 说明调节血糖和血钙的主要激素。

5. 肾上腺皮质和肾上腺髓质所分泌的激素的作用有何不同？

6. 为什么动物机体缺碘后会引起甲状腺肿大？世界各国常采用什么方法给动物补碘？

7. 光照对动物生殖器官发育有什么影响？为什么？

8. 说明性激素的种类、来源及作用。

第十二章　感觉器官

知识目标：掌握眼的结构；了解耳的结构和犬、猫的视觉、听觉、嗅觉及味觉特点。

技能目标：能在标本或模型上说明眼的结构。

感觉器官是感受器及其辅助装置的总称，主要有视觉、位听觉、嗅觉、味觉等器官。感觉器官能接受特定的刺激并将其转变为神经冲动，由传入神经传至中枢，经中枢的分析、综合而产生各种感觉。

第一节　视觉器官

眼为视觉器官，能感受光的刺激并将其转变为神经冲动，经视神经传至脑而引起视觉。视觉器官包括眼球及其辅助装置。

一、眼球

眼球是眼的主要部分，包括眼球壁和内部的折光体(图 12-1)。

(一)眼球壁

1. 纤维膜

纤维膜位于眼球壁外层，坚韧而厚。分为前部的角膜和后部的巩膜。角膜无色透明，具有折光作用，富有感觉神经末梢，无血管，其营养靠淋巴液供应，如果因某些原因使淋巴液发生凝固，变得浑浊，即形成角膜炎。巩膜呈白色而不透明，具有保护作用。

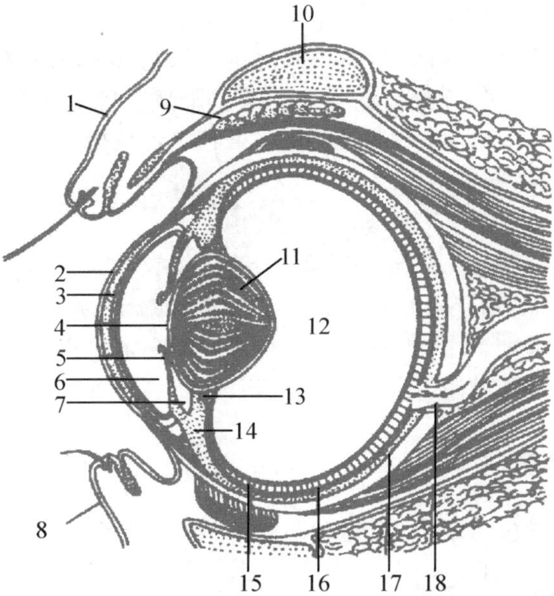

1.上眼睑　2.球结膜　3.角膜　4.瞳孔　5.虹膜　6.眼前膜　7.眼后膜　8.下眼睑　9.泪腺　10.眶上突　11.晶状体　12.玻璃体　13.睫状小带　14.睫状体　15.视网膜　16.脉络膜　17.巩膜　18.视神经

图 12-1　眼球构造模式图

2.血管膜

血管膜衬于纤维膜的里面，富有血管和色素。它有供给眼球的营养和吸收眼内分散光线的作用。血管膜的最前部叫虹膜，成圆盘状，可从眼球前面透过角膜看到。虹膜中央有一孔叫瞳孔。虹膜上有 2 种肌纤维排列方向不同的平滑肌，一种环绕瞳孔边缘，叫瞳孔括约肌，在强光下可收缩，使瞳孔缩小，减少进入眼内的光线，受副交感神经支配；另一种成放射状，叫瞳孔开大肌，在弱光下收缩，使瞳孔放大，增加进入眼内的光线，受交感神经支配。血管膜的中部叫睫状体，有产生房水和调节视力的作用。位于睫状体后面的称为脉络膜，是 1 层柔软而富含血管和色素呈棕褐色的膜。

3.视网膜

视网膜是眼球壁的内层。视网膜的感光细胞，有视锥细胞和视杆细胞 2 种。视锥细胞对强光和有色光线敏感；视杆细胞对弱光敏感。视网膜神经细胞的轴突集合形成视神经。

(二)眼球的折光体

眼球的折光体包括眼房水、晶状体和玻璃体。

1. 眼房水

眼房水是无色透明的液体，充满于眼房内。眼房是位于晶状体与角膜之间的腔隙，它又被虹膜分为前后两房，经瞳孔相通。眼房水除具有折光作用外，还具有营养角膜和晶状体及维持眼内压的作用，如果眼房水产生过多或回流受阻，可引起眼内压增高而影响视力，形成青光眼。

2. 晶状体

晶状体位于虹膜后方，呈双凸透镜，无色透明而有弹性。其周围以睫状小带连于睫状体上，借睫状肌的伸缩可调节晶状体表面的曲度。晶状体若变得不透明，可形成白内障。

3. 玻璃体

玻璃体是无色透明的胶冻状物质，充满于晶状体与视网膜之间，可曲折光线。

二、眼球的辅助装置

眼球的辅助装置包括眼睑、泪器和眼肌等，对眼球起保护、运动和支持作用。

(一)眼睑

眼睑是覆盖在眼球前方的皮肤褶，有保护眼球的作用。分上眼睑和下眼睑。在眼睑的游离缘上有睫毛。临床常见的眼睑内翻即指眼睑向眼球方向内卷，眼睑外翻即指眼睑外转离开眼球，眼结膜暴露在外的异常状态。

(二)结膜

结膜是连接眼球与眼睑的 1 层薄膜。覆盖在眼睑内面的叫睑结膜；睑结膜转折覆盖到眼球巩膜前部的叫球结膜。睑结膜与球结膜之间形成结膜囊。位于眼内角的结膜褶叫第 3 眼睑或瞬膜，内有 1 片软骨。个别犬瞬膜外翻而影响视力时可手术摘除。

(三)泪器

泪器包括泪腺和泪道 2 部分。泪腺能分泌泪液，对眼球起湿润和清洁等保护作用。泪液经骨质的鼻泪管而至鼻腔，开口于鼻腔前庭。

(四)眼肌

眼肌是附在眼球外面的一些小块随意肌，能够使眼球多方向的转动。

附：犬、猫的视觉特点

犬的视觉不发达，对固定目标的视觉距离为 50 m，但对运动目标，则可感觉到

825 m 远的距离。犬的色感很差，对红、黄、绿等色光分不清，所以基本上是色盲。但犬的视野非常开阔，全景视野可达 250°～290°，而人的视野只有 180°。再加上转动灵活的头部，所以人称犬能"眼观六路，耳听八方"。犬视觉的另一特点是暗视力比较灵敏，在微弱的光线下，也能辨清物体，具有"夜行"特点。

猫的视觉有许多和犬相似的特点，如视野很宽，色感也不强。以前人们一直认为猫也是色盲，但近年来，也有人认为猫能识别淡蓝色和绿色。猫的夜视也较强，夜间的微弱光线可在猫眼中放大 40 倍左右。猫调节晶体厚度的性能也差，只能在 2～6 m 内聚焦，所以太远和太近的物体都看不清。

第二节　位听觉器官

耳是位听器官，包括听觉感受器和平衡觉感受器。耳按其部位分为外耳、中耳和内耳(图 12-2)。外耳和中耳是传导声波的部分，内耳是听觉和平衡觉感受器所在处。

1.耳廓　2.侧头肌　3.耳道　4.脑　5.耳蜗　6.半规管　7.耳管　8.听小骨 9.鼓室　10.鼓膜

图 12-2　猫的左耳构造图

一、外耳

外耳包括耳廓、外耳道和鼓膜 3 部分。鼓膜位于外耳与中耳之间。

二、中耳

中耳由鼓室、听小骨和咽鼓管组成。鼓室为一含气的小腔，其前下方通咽鼓管。听小骨有锤骨、砧骨和镫骨，它们借关节相连，能将声波震动传至内耳。咽鼓管又称为耳咽管，连接咽腔和鼓室，空气从咽腔经此管到鼓室，可保持鼓膜内、外两侧大气压平衡，防止鼓膜被冲破。

三、内耳

内耳又称为迷路，是盘曲于颞骨内的双层套管结构，外层为骨管，称为骨迷路，在骨管内套有膜管，称为膜迷路。膜迷路由椭圆囊、球状囊、膜半规管和耳蜗管组成。膜半规管是位置觉感受器所在处，可调节动物体的平衡；膜耳蜗管是听觉感受器所在地。

附：犬、猫的听觉特点

犬的听觉非常灵敏，它不仅可以分辨极为细小的高频率的声音，而且对生源的辨别能力也很强。据测试，人在 6 m 远听不到的声音，犬在 24 m 处都可清楚地听到，它的听觉是人的 16 倍。

猫的听觉也非常灵敏，其耳廓可 45°角向四周转动。猫能听到的声频宽度也比人宽，它能听到一般动物都听不到的甲虫发出的声音。猫对声音的辨别能力和定位功能也比较强，它能区别出 15～20 m 外相距 1 m 左右的 2 个相似的声音，能区分出远处老鼠与物体摩擦的声音。

第三节　嗅觉与味觉

一、嗅觉

犬、猫的嗅觉感受器位于鼻腔黏膜后上方的嗅区内，当气味随空气进入鼻腔后，嗅细胞接受其刺激发生兴奋，产生冲动，沿嗅神经传入大脑而产生嗅觉。

犬、猫的鼻腔黏膜嗅区内约有 2 亿个嗅细胞，约为人的 40 倍，所以它们都有高度灵敏的嗅觉，尤其是犬，其辨别气味的灵敏度位居各畜之首。在野外它甚至能察觉 200～300 m 距离范围内的气味。警犬能辨别 10 万种以上不同的气味。猫能嗅出被稀释成 800 万分之一的麝香气味。

二、味觉

犬、猫的味觉感受器是指位于舌乳头中的味蕾，可溶性物质通过刺激味蕾中的味细胞而产生味觉。

犬的味觉与嗅觉相反，比较迟钝。由于犬的齿式特点，吃食时很少咀嚼，几乎是吞食，所以它不是通过细嚼慢咽来品尝食物味道的，而是靠嗅觉和味觉的双重作用实现的。因此，在调制犬饲料时，要在饲料的香味上下功夫，以增加其采食量。猫的味觉能感觉出酸、苦和咸 3 种味道，对甜味不敏感。猫不喜欢同一味道，所以调制猫饲料时，应做到食物多样化。

本章小结

- 感觉器官
  - 视觉器官
    - 眼球
      - 眼球壁：由外向内依次是纤维膜、血管膜、视网膜
      - 眼球折光体
        - 眼房水
        - 晶状体
        - 玻璃体
    - 眼球辅助装置
      - 眼睑
      - 结膜
      - 泪器
      - 眼肌
  - 位听觉器官
    - 外耳：由耳廓、外耳道、鼓膜构成
    - 中耳：由鼓室、听小骨和咽鼓管构成
    - 内耳
      - 骨迷路
      - 膜迷路
        - 椭圆囊
        - 球状囊
        - 膜半规管（位觉感受器）
        - 耳蜗管（听觉感受器）
  - 嗅觉：犬、猫有灵敏的嗅觉
  - 味觉：犬、猫的味觉比较迟钝

技能训练

眼结构的观察

【目的要求】掌握眼的结构。

【材料设备】眼模型、标本及解剖器械。

【方法步骤】

①先在眼模型上观察眼球壁及折光体的基本结构。

②然后在眼标本上再观察上述结构。

【技能考核】准确地指出眼球壁及折光体装置。

复习思考题

1. 说明眼球及其辅助装置的结构。
2. 说明耳的基本结构。
3. 说明犬、猫的视觉、听觉、嗅觉及味觉的主要特点。

参考文献

[1] 安铁洙,谭建华,韦旭斌.犬解剖学.长春:吉林科学技术出版社,2003.

[2] 马仲华,家畜解剖及组织胚胎学.3版.北京:中国农业出版社,2002.

[3] [日本]小野宪一郎,今井壮一,多川政弘,等.犬病图解.黄治国,张素芳译.南京:江苏科学技术出版社,2004.

[4] [日本]小野宪一郎,今井壮一,多川政弘,等.猫病图解.颜培实,唐国萍,等.许天丽译.南京:江苏科学技术出版社,2004.

[5] 山东省畜牧兽医学校.家畜解剖生理.3版.北京:中国农业出版社,2000.

[6] 周其虎.畜禽解剖生理.北京:中国农业出版社,2006.